火电机组烟气脱硝系统

多尺度建模与仿真

李敏　周俊杰　张营帅　汤松臻　李玲 等　编著

U0238205

中国水利水电出版社
www.waterpub.com.cn
·北京·

内 容 提 要

本书是一部以全链条思维论述火电机组烟气脱硝系统基础理论及关键技术的专业著作。氮氧化物是造成区域性灰霾和酸雨等污染事件的重要前体物，实现氮氧化物持续减排是改善环境空气质量的关键。烟气脱硝是实现火电机组深度减排和超低排放的关键技术。本书以火电机组烟气脱硝系统为研究对象，将计算流体力学、传热学、传递原理、反应工程、过程系统工程与多尺度方法相结合，开展了脱硝催化剂性能分子模拟、脱硝过程反应机理模拟、脱硝反应器多物理场模拟及性能参数优化、脱硝系统流程模拟及控制等系列研究。

本书主要面向从事火电机组烟气脱硝技术研究开发的研究人员和脱硝反应器结构设计、加工制造和运行维护的高级工程技术人员和运行管理人员，还可供从事火电机组烟气脱硝相关专业的工程技术人员参考，同时也可以作为有关学校教学的参考书。

图书在版编目（CIP）数据

火电机组烟气脱硝系统多尺度建模与仿真 / 李敏等
编著. -- 北京：中国水利水电出版社，2022.9
ISBN 978-7-5226-0984-3

Ⅰ．①火… Ⅱ．①李… Ⅲ．①火力发电－发电机组－
烟气－脱硝－控制系统－系统建模－研究②火力发电－发
电机组－烟气－脱硝－控制系统－系统仿真－研究 Ⅳ．
①X773.017

中国版本图书馆CIP数据核字(2022)第166499号

书　　名	火电机组烟气脱硝系统多尺度建模与仿真 HUODIAN JIZU YANQI TUOXIAO XITONG DUO CHIDU JIANMO YU FANGZHEN
作　　者	李敏　周俊杰　张营帅　汤松臻　李玲　等 编著
出版发行	中国水利水电出版社 （北京市海淀区玉渊潭南路1号D座　100038） 网址：www.waterpub.com.cn E-mail：sales@mwr.gov.cn 电话：（010）68545888（营销中心）
经　　售	北京科水图书销售有限公司 电话：（010）68545874、63202643 全国各地新华书店和相关出版物销售网点
排　　版	中国水利水电出版社微机排版中心
印　　刷	北京印匠彩色印刷有限公司
规　　格	184mm×260mm　16开本　9.5印张　197千字
版　　次	2022年9月第1版　2022年9月第1次印刷
定　　价	**78.00元**

编 委 会

随着世界经济的快速发展，传统化石能源枯竭的危机和其造成的环境污染问题日渐突显。作为世界上最大的能源消费国，我国的煤炭资源占化石能源储量的90%左右，这种"富煤、贫油、少气"的资源特点使得我国的能源消费结构呈现出以煤炭为主的特征，且未来长时间内仍"以煤为主"。在我国煤炭消费的四个重点行业（电力、钢铁、建材和化工）中，电力行业是我国能源消费的大户。在电力行业中，基于煤炭的火力发电量占总发电量的70%。虽然我国燃煤发电"清洁化"成效显著，但巨大的装机容量仍产生大量的氮氧化物，随着超低排放政策的深入推进，多个行业领域加强全流程、全工序和全时段的氮氧化物减排技术的深入研究。烟气脱硝技术是控制氮氧化物污染的重要途径和有效措施。当前，国家和各级政府出台一系列政策措施，降低燃煤锅炉烟气污染物排放值，给烟气深度脱硝技术带来了挑战。

针对火电机组烟气脱硝技术及其应用，还存在很多理论和技术问题有待解决。首先，针对脱硝催化剂性能方面，现有研究很少从微观尺度对催化剂与还原性气体的吸附、催化剂失活和设计方面进行系统的探究。其次，针对脱硝反应器方面，现有研究主要集中于脱硝反应器内部流动的均匀性，缺少对脱硝反应器内部流动、传热及反应特性的多物理场耦合研究。

本书以火电机组烟气脱硝技术为中心，以脱硝催化剂、脱硝反应器、脱硝系统为研究对象，从微观尺度和宏观尺度上进行研究，将计算流体力学与传热学、传递原理、反应工程、过程装备安全技术与多尺度方法相结合，全面阐述了烟气脱硝技术的基础与技术问题。全书共分8章，主要内容包括概述、烟气脱硝技术的基础研究方法、脱硝催化剂性能的分子模拟研究、烟气SCR脱硝过程的反应机理研究、SCR脱硝反应器多物理场特性研究、SCR脱硝反应器催化剂床层的仿真优化、SCR脱硝反应器结构定位尺寸优化研究、SCR脱硝流程模拟及PID控制研究。本书首先多尺度建模仿真，从工程实践对象出发，通过建立数学模型和数值仿真，模拟脱硝反应过程，使得工程实践经验结果从定性结论升华成定量结果；其次是催化剂和反应器的计算机设计，即直接通过理论模型和计算，预测或设计催化剂和反应器的结构与性能，使得研究更具有前瞻性和可预见性，有助于原始创新，提高研究效率。由此可见，多尺度模拟是连接理论和实践的桥梁，是产品设计和工程放大研究的有力工具。

本书的出版得到了国网河南省电力公司电力科学研究院"SCR 脱硝系统投运后空预器堵塞防治技术研究及应用"（SJTYHT/13－GS－178）、国家自然科学基金"基于 CFD 技术和反方法的强化传热表面开发研究"（51276173）、国家自然科学基金"燃煤锅炉烟气冷却器积灰与流动换热过程耦合作用机理及协同优化研究"（52006199）等项目的资助，特此致谢！

本书由国网河南省电力公司电力科学研究院李敏正高级工程师、张营帅高级工程师、李玲高级工程师，郑州大学周俊杰教授、汤松臻直聘副教授共同完成，在本书的编写过程中得到了出版社的支持。同时还要感谢本书编委会中的所有成员的特别参与，特别感谢郑州大学张鹏、周会品、王桂芳、李亚慧等多位研究生的工作，也感谢在本书的编写过程中参与了部分工作的研究生苏学冰、关紫钰和牛万源。

由于作者的学识和能力有限，书中难免存在不足和疏漏之处，恳请使用本书的同行、专家学者和广大读者批评指正。

作者

目录

第 1 章

概　　述

氮氧化物对人类生活和生态环境的影响巨大，若不及时加以控制，将引起巨大的危害。针对日益严峻的环境形势，氮氧化物减排已刻不容缓。我国以煤炭为主的一次能源消费结构在短期内不能改变，造成了火力发电成为氮氧化物排放主要途径的局面。因此，控制并减少火电机组氮氧化物的排放，是全国氮氧化物减排的核心和关键，也是改善空气质量的重要途径。本章首先简要介绍氮氧化物的生成机理、排放现状以及我国 NO_x 排放控制法规和政策，接着介绍了火电机组氮氧化物控制技术及其原理，最后介绍了脱硝催化剂及反应器国内外的研究现状，希望对读者了解 NO_x 的控制背景有所帮助。

1.1　氮氧化物的危害及排放

1.1.1　氮氧化物特性

随着人们对环境问题的日益重视，氮氧化物已在世界范围内引起广泛关注。氮氧化物作为公认的主要大气污染物，有 N_2O、NO、NO_2、N_2O_3、N_2O_4 和 N_2O_5 等多种存在形态，主要存在形态为 NO 和 NO_2。NO_2 毒性较大，约为 NO 的五倍。NO 不稳定，在大气中极易被氧化生成 NO_2，故大气中的 NO_x 普遍以 NO_2 的形式存在。空气中的 NO 和 NO_2 通过光化学反应，相互转化而达到平衡。

NO_x 的排放给人类生产生活以及自然环境带来极大危害。在人体健康方面，NO 易与血红蛋白结合，造成人体缺氧；空气中 NO_x 体积分数达到 3.5×10^{-6}，持续时间达到 $1h$，开始对人体产生影响，当体积分数达到 $20 \times 10^{-6} \sim 50 \times 10^{-6}$ 时，对人眼有刺激作用。在生态环境方面，NO_2 经日光照射生成新生态氧原子，其在大气中将会引起一系列连锁反应，并与未燃尽的碳氢化合物生成过氧乙酰基硝酸酯（peroxyacetyl nitrate，PAN），PAN 是硝酸型酸雨、光化学烟雾、区域性灰霾形成的重要前体物。氮氧化物与水蒸气和氧化剂在大气中结合生成硝酸或亚硝酸，生成的酸会对环境发生酸腐蚀；氮氧化物也会和大气中的其他化合物反应，形成硝酸盐小颗粒和酸雾，会随着人体呼吸而渗入肺部，而持续增加的硝酸盐会导致蓝婴病；大气中氮氧化物的增加也会影响水体中氮的含量，将影响到生态系统中的氮平衡。氮氧化物也被认为是导致温室效应的气体之一。鉴于 NO_x 对人类和生态环境存在的危害，控制 NO_x 的生成和排放十分重要。

1.1.2 我国的能源结构及排放现状

随着世界经济的快速发展，传统化石能源枯竭的危机和其造成的环境污染问题日渐突显。根据《BP 世界能源展望（2019 年版）》的统计数据，目前全球主导性燃料仍为煤炭、石油与天然气等传统化石能源，煤炭仍然是全球第二大能源。作为世界上最大的能源消费国，我国的煤炭资源占化石能源储量的 90% 左右，这种"富煤、贫油、少气"的资源特点使得我国的能源消费结构呈现出以煤炭为主的特征。目前我国煤炭占一次能源消费比例仍然在 60% 左右。由此可见，在今后很长的一段时间内，煤炭仍然是能源消费的主体。

在我国煤炭消费的四个重点行业（电力、钢铁、建材和化工）中，火电耗煤的占比最大且逐年提升，从 2015 年的 50% 升至 2020 年的 58.2%，如图 1-1 所示。分品种来看，动力煤的下游消费主要为火力发电，消费占 70% 左右。此外，基于煤炭的火力发电量占总发电量的 70% 左右，我国大多数燃煤电站锅炉都存在着能耗高、污染物排放高的问题。

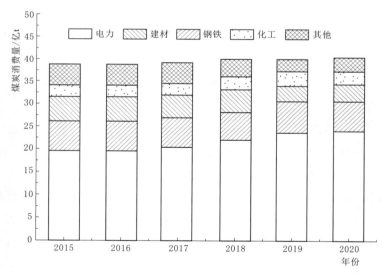

图 1-1　2015—2020 年我国的煤炭消费结构

燃煤发电虽然已是"最清洁"的煤炭利用方式，由于基数巨大，仍会产生大量污染物。1t 的煤燃烧会产生 5～30kg 不等量的氮氧化物（NO_x）污染物。其中燃煤烟气和发动机燃油排放的氮氧化物（NO_x）是空气中 NO_x 污染物的主要部分。相关资料表明，我国大气中 67% 的氮氧化物来自于煤炭燃烧。随着近些年来装机容量的不断增加，火电厂作为燃煤大户，每年氮氧化物排放量不断增长，并且有增速加快的趋势。鉴于我国氮氧化物排放量已居于世界第二，急需采取相关措施对氮氧化物排放量进行控制。

1.1.3　氮氧化物生成机理

在煤粉燃烧过程中所产生的氮氧化物主要包括 NO 和 NO_2，往往将其称为 NO_x。在此过程中也将产生少量的 N_2O。其中 NO 占比达 90% 以上，NO_2 占 5%～10%。在煤粉燃烧过程中，根据 NO_x 生成来源和途径的差异，可分为燃料型、热力型及快速型三种。在煤粉燃烧过程中，燃料型 NO_x 是 NO_x 生成的最主要来源，占 75%～80%，热力型 NO_x 占 15%～20%，而快速型 NO_x 所占比例小于 5%，通常被忽略。

1. 燃料型 NO_x

燃料型 NO_x 是指燃料中的氮在燃烧过程中经过一系列氧化还原反应生成的 NO 和 NO_2。燃料型 NO_x 的生成机理非常复杂，至今仍存在许多争议。目前的研究结果表明，燃料型 NO_x 的生成大体可分为四个阶段。

(1) 燃料氮的热分解。在燃料进入炉膛被加热后，燃料中的氮有机化合物首先被热分解成氰（HCN）、氨（NH_3）等中间产物，它们随挥发分一起从燃料中析出，它们被称为挥发分氮。挥发分氮析出后仍残留在燃料中的氮化合物，被称为焦炭氮。

(2) 挥发分氮的燃烧。挥发分氮与氧发生均相氧化反应，被氧化为氨氧化物。挥发分氮中的主要氮化合物是 HCN 和 NH_3。它们遇到氧后，HCN 首先氧化成 NCO，NCO 在氧化性环境中会进一步氧化成 NO，如在还原性环境中，NCO 则会生成 NH，NH 在氧化性环境中进一步氧化成 NO，同时又能与生成的 NO 进行还原反应，使 NO 还原成 N_2，成为 NO 的还原剂。

(3) 焦炭氮的燃烧。焦炭氮可通过焦炭表面直接与氧发生异相反应产生氮氧化物。

(4) 氮氧化物的还原。生成氮氧化物的反应皆是可逆反应，已生成的 NO 可被 HCN、碳氢化合物等还原性气体或焦炭表面还原成 N_2。

上述的四个阶段可用图 1-2 的模型来表示。

挥发分氮中最主要的、含量最多的化合物一般是 HCN 和 NH_3，两者也被认为是挥发分氮转变为氮氧化物的前驱物，在挥发分氮的均相氧化反应过程中，扮演着至关重要的角色。

燃料型 NO_x 的生成主要受过量

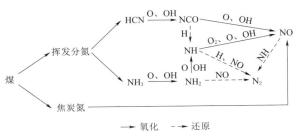

图 1-2　燃料氮的转化模型

空气系数和燃料—空气混合条件的影响。控制燃料型氮氧化物生成量的主要措施为采用低氮燃料、降低过剩空气系数、在氧浓度较低情况下增加可燃物在火焰前锋停留时间。

2. 热力型 NO_x

热力型 NO_x 源于燃烧过程中空气中的 N_2 被氧化，它主要产生于温度高于 1600℃ 的高温区，其生成机理可由 Zeldovich 不分支连锁反应表示为

$$N_2 + O \longleftrightarrow NO + N \qquad (1-1)$$

$$N + O_2 \longleftrightarrow NO + O \qquad (1-2)$$

$$N + OH \longleftrightarrow NO + H \qquad (1-3)$$

温度对热力型 NO_x 的生成起着决定性作用。由式（1-1）可以看到，热力型 NO 的生成，需要破坏 $N \equiv N$ 键，这需要很高的能量。从 NO_x 生成速率表达式可知，NO_x 的生成速率与温度呈指数的关系。当温度低于 1300℃ 时，热力型 NO_x 几乎不会生成；1300～1500℃ 是热力型 NO_x 生成的转折温度，生成量可以忽略不计；温度高于 1600℃ 时，热力型 NO_x 才会大量生成。同时，氧浓度和煤粉的停留时间对热力型 NO_x 生成也有影响。因此，降低热力型 NO_x 的基本原理就是降低 O_2 浓度、降低火焰温度以及缩短高温区的停留时间等。在停留时间较短时，热力型 NO_x 随停留时间的增加而增加，但超过一定时间后，热力型 NO_x 不再受停留时间的影响。在工程实践中，采用烟气再循环、浓淡燃烧、水蒸气喷射以及新发展起来的高温空气燃烧技术等都是利用上述原理来控制热力型 NO_x 的生成。

3. 快速型 NO_x

快速型 NO_x 主要指碳氢燃料燃烧时所产生的烃与燃烧空气中的 N_2 分子发生反应，形成 CN、HCN，继而氧化成 NO_x。因此，快速型 NO_x 主要产生于碳氢化合物含量较高、氧浓度较低的富燃区。快速型 NO_x 的生成机理十分复杂，中间反应过程存在时间非常短暂，如图 1-3 所示。

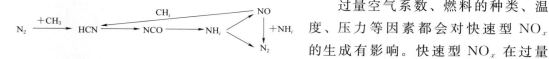

图 1-3　快速型 NO_x 的生成机理

过量空气系数、燃料的种类、温度、压力等因素都会对快速型 NO_x 的生成有影响。快速型 NO_x 在过量空气系数略小于 1 时的生成速率是最快的。而当过量空气系数小于 0.7 时，过高的燃料浓度有利于 CN 类化合物的产生，但过低的氧浓度抑制了 CN 类化合物进一步被氧化，使其向 N_2 转变。燃料中碳氢化合物 CH_x 在高温条件下分解为 CH、CH_2 和 C_2 等基团，与空气中的 N_2 在过量空气系数为 0.7～0.8 时缺氧燃烧生成氮氧化物，NO 在 0～0.2ms 内快速增加。控制快速型 NO_x 生成量的方法为富氧燃烧。

1.1.4　氮氧化物排放现状及法规政策

NO_x 的来源可分为自然源和人为源。天然排放的 NO_x 主要来自土壤和海洋中有机物的分解，属于自然界的氮循环过程。人为源可以分为移动源、固定源和工业生产过程中的中间产物。其中，固定源主要包括工业锅炉、焚烧炉、电炉等排放；移动源主要包括汽油车和柴油车的尾气排放；工业生产主要指生产、使用硝酸的过程，如氮肥厂、有机中间体厂、有色及黑色金属冶炼厂等。在经济水平快速提高的现代社会，能源消耗量和机动车保有量的持续增加，导致以机动车为主的移动源和以燃煤锅炉等为主的固定源消耗大量化石燃料，导致 NO_x 的排放量也迅速上升。

根据生态环境部发布的《2020 中国生态环境状况公报》，2016—2020 年废气中氮氧化物排放量逐年下降，由 2016 年的 1503.3 万 t，下降为 2020 年的 1191.4 万 t，下降约 20.7%。其中，工业源、生活源氮氧化物排放量均逐年下降，2020 年分别为 515.8 万 t、46.4 万 t，移动源氮氧化物排放量总体持平，2020 年为 626.3 万 t。2016—2020 年氮氧化物排放量统计表见表 1-1。

表 1-1　　　　　　　　**2016—2020 年氮氧化物排放量统计表**　　　　　单位：万 t

年份	2016 年	2017 年	2018 年	2019 年	2020 年
氮氧化物	1503.3	1348.4	1288.4	1233.8	1191.4
工业源	809.1	646.5	588.7	548.1	515.8
生活源	61.6	59.2	53.1	49.7	46.4
移动源	631.6	641.2	644.6	633.6	626.3
集中式	1.0	1.5	2.0	2.4	2.9

为了更好地保护环境，国家对氮氧化物等大气污染物提出了更加严格的标准，其中 2011 年出台的《火电厂大气污染物排放标准》（GB 13223—2011）要求新建电厂锅炉的 NO_x 排放标准为 $100mg/Nm^3$。国家发展和改革委员会、原环境保护部和国家能源局三部委于 2014 年 9 月联合发布了《煤电节能减排升级与改造行动计划（2014—2020）》要求东部地区新建燃煤机组排放基本达到燃气轮机组污染物排放限值，即在基准氧含量 6% 的条件下，烟尘、SO_2、NO_x 排放浓度分别不高于 $10mg/m^3$、$35mg/m^3$、$50mg/m^3$，对中部和西部地区也提出了要求。同时，我国一些重点的 NO_x 排放省市也针对地区性重点行业陆续推出了一系列的大气污染物排放标准。这些地方标准与国家标准正在逐步构建相对完整的 NO_x 排放标准体系，该体系的建立无疑将为我国实现 NO_x 减排提供有力的法律支撑。但也应看到，我国的大气污染物排放标准对 NO_x 排放的限制还相对笼统，基本停留在对一次排放的限值要求，而对二次污染物的环境损害考虑较少。

目前，我国已投运的 300MW、600MW 机组锅炉基本上均采用了各种不同形式的低 NO_x 燃烧器。此外，国内已成功开发了 220t/h 循环流化床锅炉和独特的船形低 NO_x 煤粉燃烧技术，可以大幅度削减 NO_x 排放量。但是，如何降低在我国电站燃煤中占有相当比例的低挥发分煤种和劣质烟煤锅炉的 NO_x 排放水平也是一大难题。可见，我国电站锅炉 NO_x 排放控制任重道远。

1.2　火电机组氮氧化物控制技术原理

氮氧化物控制技术总体上可以分为三类：燃烧前 NO_x 控制技术、燃烧中 NO_x 控制技术（低 NO_x 燃烧技术等）和燃烧后 NO_x 控制技术（烟气 NO_x 脱除技术）。燃烧前 NO_x 控制技术是指在燃烧之前把燃料中的含氮化合物去除或进行转化。但该方法降低 NO_x 排放的作用有限，对燃烧生成的 NO_x 无能为力，如热力型 NO_x 和快速型 NO_x。因此，燃烧前 NO_x 控制技术局限性较大，费用也较高，应用较少。目前，控制 NO_x 排放的技术主要指低 NO_x 燃烧技术和烟气 NO_x 脱除技术。而在烟气 NO_x 脱除技术中，选择性非催化还原（SNCR）和选择性催化还原（SCR）是应用最为广泛的两种技术。

1.2.1　低 NO_x 燃烧技术

低 NO_x 燃烧技术是改进燃烧设备或控制燃烧条件，以降低燃烧尾气中 NO_x 浓度的各项技术。影响燃烧过程中 NO_x 生成的主要因素是燃烧温度、烟气在高温区的停留时间、烟气中各种组分的浓度以及混合程度，因此，改变空气燃料比、燃烧空气的温度、燃烧区冷却的程度和燃烧器的形状设计都可以减少燃烧过程中氮氧化物的生成。工业上多以减少过剩空气以及采用分段燃烧、烟气循环，低温空气预热、特殊燃烧器等方法达到目的。

1. 传统低 NO_x 燃烧技术

传统低 NO_x 燃烧技术不要求对燃烧系统做大的改动，只是对燃烧装置的运行方式或部分运行方式做调整或改进。因此简单易行，可方便地用于现役装置，但 NO_x 的降低幅度十分有限，主要通过以下几种方式来实现降低 NO_x 的排放浓度。

（1）低过量空气系数运行。这是一种优化燃烧装置、降低 NO_x 生成量的简单方法。它不需对燃烧装置做结构修改。低过量空气系数运行抑制 NO_x 的生成量，NO_x 的生成量还与燃料种类、燃烧方式及排渣方式有关。电站锅炉实际运行时的过量空气系数不能进行大幅度的调整。对于燃煤锅炉而言，降低过量空气系数会造成受热面的黏污结渣和腐蚀、气温特性的变化及因飞灰可燃物增加而造成经济性下降。对于燃气、燃油锅炉而言，主要限制在于 CO 浓度超标。

（2）降低助燃空气预热温度。降低助燃空气预热温度可降低火焰区的温度峰值，从而减少热力型 NO_x 的生成量。这一措施不宜用于燃煤、燃油锅炉，对于燃气锅炉，则有降低 NO_x 排放的明显效果。

（3）浓淡燃烧技术。这种方法是让一部分燃料在空气不足的条件下燃烧，即燃料过浓燃烧；另一部分燃料在空气过剩的条件下燃烧，即燃料过淡燃烧。无论是过浓燃烧还是过淡燃烧，其过量空气系数 α 都不等于 1。前者 $\alpha < 1$，后者 $\alpha > 1$，故又称为非化学当量燃烧或偏差燃烧。浓淡燃烧时，燃料过浓部分因为氧气不足，燃烧温度不高，所以燃料型 NO_x 和热力型 NO_x 都会减少。燃料过淡部分因空气量过大，燃烧温度低，热力型 NO_x 生成量也减少。总的结果是 NO_x 生成量低于常规燃烧。

（4）炉膛内烟气再循环。把烟气掺入助燃空气，降低助燃空气的氧浓度，是一种适合燃煤液态排渣炉，尤其是燃气、燃油锅炉降低 NO_x 排放的方法。通常的做法是从省煤器出口抽出烟气，加入二次风或一次风中。加入二次风时，火焰中心不受影响，其唯一作用是降低火焰温度，有利于减少热力型 NO_x 的生成。对固态排渣锅炉而言，大约 80% 的 NO_x 是由燃料氮生成的，这种方法的作用就非常有限。

对于不分级的燃烧器，在一次风中掺入烟气效果较好，但由于燃烧器附近的燃烧工况会有所变化，要对燃烧过程进行调整。

（5）部分燃烧器退出运行。这种方法适用于燃烧器多层布置的电站锅炉。具体做法是停止最上层或几层燃烧器的燃料供应，只送空气。这样所有的燃料从下面的燃烧器送入炉内，下面的燃烧器区实现富燃料燃烧，上层送入的空气形成分级送风。这种方法尤其适用于燃气、燃油锅炉，不必对燃料输送系统进行重大改造。德国把这种方法用在褐煤大机组上，效果不错。

2. 新型低氮燃烧技术

（1）空气/燃料分级低氮燃烧技术。空气/燃料分级低氮燃烧器的特征是在生成一次火焰的下游投入部分还原燃料，形成可使部分已生成 NO_x 还原的二次火焰区。结合某公司的低氮燃烧器，对其分级燃烧原理进行说明，如图 1-4 所示。首先，与空气分级低氮燃烧器一样形成一次火焰，根据二次风的旋流作用和接近于理论空气量的燃烧工况来保证火焰的稳定性。然后，在距离一次火焰下游一定距离处将还原燃料混入形成二次火焰。在此区域内，氧含量极低，且已经生成的 NO_x 在 NH_3、HCN 和 CO 等原子团的作用下被还原为 N_2。最后，分级风在第三阶段送入完成燃尽过程。

现阶段这一技术广泛应用于电站锅炉的各种低氮空气分级燃烧器，如 ABB - CE 公司的整体炉膛空气分级直流燃烧器、同轴燃烧系统、低氮同轴燃烧系统（low NO_x concentric firing system，LNCFS）及其种类繁多的变异形式、TFS2000 燃烧系统；B&W 公司的双调风旋流燃烧器（double registered burner，DRB）；Steinmuller 公司、德国 Babcock 公司的各种旋流燃烧器等。

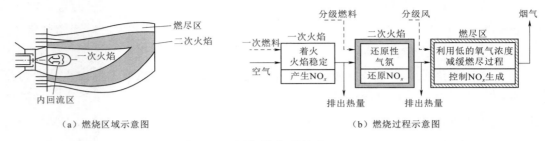

（a）燃烧区域示意图　　　　　　　　　（b）燃烧过程示意图

图1-4　低氮燃烧器技术（LNB）

（2）三级燃烧。三级燃烧是直流燃烧器在炉膛内同时实施空气和燃料分级的方法，原理如图1-5所示。采用此技术时炉膛内形成三个区域，即一次区、还原区和燃尽区。在一次区内，主燃料在稀相条件下燃烧。在还原燃料投入后，形成欠氧的还原区，在高温（>1200℃）和还原气氛下析出的NH_3、HCN、碳氢化合物等原子团与来自一次区已生成的NO_x反应，生成N_2。燃尽风投入后，形成燃尽区，实现燃料的完全燃烧。这种方法操作容易，费用远远低于SCR，与其他先进的手段结合，可使NO_x排放量下降80%左右。

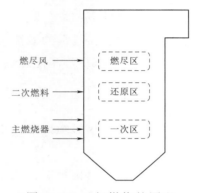

图1-5　三级燃烧的原理

采用这一原理的是空气/燃料分级低NO_x旋流燃烧器和用于切圆燃烧方式的三级燃烧。这类低NO_x燃烧技术以Steimuller公司的MSM型燃烧器、日本三菱公司开发的MACT低NO_x燃烧系统为典型代表。

通常情况下，采用各种低NO_x燃烧技术最多仅能降低NO_x排放量的50%左右。因此，当对燃烧设备的NO_x排放要求较高时，单纯采用燃烧改进措施往往不能满足排放要求，这就需要采用尾部烟气脱硝技术来进一步降低NO_x的排放。燃烧后烟气脱硝技术是指通过各种物理、化学过程使烟气中的NO_x还原或分解为N_2，或者以清除含氮物质的方式去除NO_x。按反应体系的状态，烟气脱硝技术可大致分为干法（催化法）和湿法（吸收法）两类。湿法烟气脱硝是指利用水或酸、碱、盐及其他物质的水溶液来吸收废气中的NO_x，使废气得以净化的工艺技术方法。但该技术存在一些难以克服的问题造成应用价值有限。干法烟气脱硝主要包括催化还原法、吸附法和等离子体法等。本书重点介绍催化还原法，其包括选择性催化还原法（SCR）和选择性非催化还原法（SNCR）。

1.2.2　SCR脱硝技术

选择性催化还原法（selective catalytic reduction，SCR）是目前国际上应用最为广泛的烟气脱硝技术。该方法主要采用氨（NH_3）作为还原剂，将NO_x选择性地还原

成 N_2，其具有无副产物、不形成二次污染、且脱除效率高（可达 90% 以上）、运行可靠、便于维护等优点。NH_3 具有较高的选择性，在一定温度范围内，在催化剂的作用和氧气存在的条件下，NH_3 优先和 NO_x 发生还原脱除反应，生成 N_2 和水，而不和烟气中的氧进行氧化反应，因而比无选择性的还原剂脱硝效果好。当采用催化剂来促进 NH_3 和 NO_x 的还原反应时，其反应温度操作窗口取决于所选用催化剂的种类，根据所采用催化剂的不同，催化反应器应布置在局部烟道中相应温度的位置。在没有催化剂的情况下，上述化学反应只是在很高的温度（980℃左右）进行，采用催化剂时反应温度可控制在 300~400℃，相当于锅炉省煤器与空气预热器之间的烟气温度，上述反应为放热反应，由于 NO_x 在烟气中浓度较低，故反应引起催化剂温度的升高可以忽略。SCR 脱硝反应示意图如图 1-6 所示。

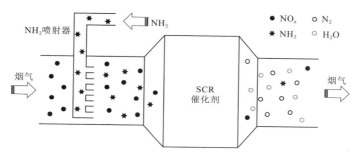

图 1-6　SCR 脱硝反应示意图

对于固定源脱硝来说，主要是采用向温度为 280~420℃ 的烟气中喷入尿素或氨，将 NO_x 还原为 N_2 和 H_2O 的方法。

如果尿素为还原剂，首先会发生水解反应，即

$$NH_2 - CO - NH_2 \longrightarrow NH_3 + HNCO \tag{1-4}$$

$$HNCO + H_2O \longrightarrow NH_3 + CO_2 \tag{1-5}$$

NH_3 选择性还原 NO_x 的主要反应式为

$$4NH_3 + 4NO + O_2 \longrightarrow 4N_2 + 6H_2O \tag{1-6}$$

$$8NH_3 + 6NO_2 \longrightarrow 7N_2 + 12H_2O \tag{1-7}$$

在 SO_2 和 H_2O 存在的条件下，SCR 系统也会在催化剂表面发生不利反应，即

$$SO_2 + \frac{1}{2}O_2 \longrightarrow SO_3 \tag{1-8}$$

$$NH_3 + SO_3 + H_2O \longrightarrow NH_4HSO_4 \tag{1-9}$$

$$2NH_3 + SO_3 + H_2O \longrightarrow (NH_4)_2SO_4 \tag{1-10}$$

$$SO_3 + H_2O \longrightarrow H_2SO_4 \tag{1-11}$$

反应中形成的 $(NH_4)_2SO_4$ 和 NH_4HSO_4 很容易沾污空气预热器，对空气预热器损害很大。在催化反应时，氮氧化物被还原的程度很大程度上依赖于所用的催化剂、

反应温度和气体空速。

　　催化剂活性直接决定脱硝反应进行的程度，是影响脱硝性能最重要的因素。目前，广泛应用的 SCR 催化剂大多是以 TiO_2 为载体，以 V_2O_5 或 $V_2O_5 - WO_3$、$V_2O_5 - MoO_3$ 为活性成分组成的蜂窝状催化剂。催化剂活性丧失的情况主要包括催化剂中毒、烧结、冲蚀和堵塞等。典型的 SCR 催化剂中毒主要是由砷、碱金属、金属氧化物等引起的。

　　在 SCR 系统设计中，为保持催化剂活性和整个 SCR 系统的高效运转，重要的运行参数包括烟气温度、烟气流速、氧气浓度、SO_2/SO_3 浓度、水蒸气浓度、钝化影响和氨逃逸等。烟气温度是选择催化剂的重要运行参数，催化反应只能在一定的温度范围内进行，同时还存在催化的最佳温度，因此烟气温度会直接影响反应的进程。烟气的流速直接影响 NH_3 与 NO_x 的混合程度，需要设计合理的流速以保证 NH_3 与 NO_x 的充分混合而使反应充分进行，同时反应需要氧气的参与，但氧浓度不能过高，一般控制在 $2\%\sim3\%$ 之间。

　　欧洲以及日本、美国是当今世界上燃煤电厂 NO_x 排放控制技术最先进的地区和国家，它们除了采取燃烧控制之外，广泛应用的是 SCR 烟气脱硝技术。在我国，大多数电厂已经安装了脱硫装置，基本满足了 SO_2 排放的标准，但在 NO_x 排放的控制技术上还远远落后于世界先进国家。在国家颁布的最新排放标准中，对电站 NO_x 的排放有了严格的规定：燃煤火电厂的 NO_x 最高允许排放浓度为 $100mg/m^3$，超低排放标准为 $50mg/m^3$。就目前国内电站脱氮技术而言，如果简单依靠低 NO_x 燃烧技术降低排放，其控制过程受到各个方面条件的制约，脱硝效率很低，远远不能达到排放标准。截至 2021 年年底，全国全口径发电装机容量 23.8 亿 kW，其中煤电占总发电装机容量的比重为 46.7%，可见达成控制 NO_x 排放的任务十分艰巨，借鉴国外烟气脱氮 SCR 法的运行经验和结果，在我国燃煤电厂使用 SCR 法控制 NO_x 排放是切实可行的。

1.2.3　SNCR 脱硝技术

　　选择性非催化还原法（selective non catalytic reduction，SNCR）是一种成熟的 NO_x 控制技术。此方法原理为在 $930\sim1090℃$ 下，将还原剂（一般是 NH_3 或尿素）喷入烟气中，将 NO_x 还原生成氮气和水。图 1-7 为 SNCR 工艺原理示意图。

　　NH_3 为还原剂时，SNCR 烟气脱硝的主要反应为

$$4NH_3 + 4NO + O_2 \longrightarrow 4N_2 + 6H_2O \tag{1-12}$$

　　随着锅炉负荷变化，反应温度区间在炉内的位置是发生变化的，因此 SNCR 的喷枪喷射口数量应适当增加，以便适应不同负荷下温度区间位置变化的需要。此外，喷氨量的控制是 SNCR 脱硝工艺的另一个重要参数。如果喷入的量少于正常反应理论值，将使氮氧化物还原不完全，不能达到降低氮氧化物的效果。如果喷氨量过大，则会导致多余氨气与烟气中的 SO_3 在 $300℃$ 左右发生化学反应，生产黏附性强的硫酸氢

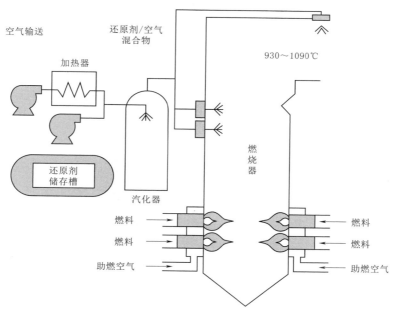

图 1-7　SNCR 工艺原理示意图

铵，导致预热器等装置堵塞，影响生产。

与 SCR 技术相比，SNCR 技术利用炉内的高温驱动还原剂与 NO 的选择性还原反应，因此不需要昂贵的催化剂和体积庞大的催化塔。SNCR 相对于低 NO 燃烧器和 SCR 来说，初期投资低，停工安装期短，脱硝效率处于中等水平。由于受到锅炉结构形式和运行方式的影响，SNCR 技术的脱硝性能变化比较大，据统计，其脱硝率为 $30\%\sim75\%$。这种脱硝方式的关键因素是合适的反应时间和合适的反应温度以及还原剂在整个反应气中与 NO 的混合程度。但是其需要 $870\sim1150℃$ 的反应温度，且对于大型火电机组存在脱硝效率较低，氨的逃逸率较高等问题，因此单独的 SNCR 脱硝还原技术对大型锅炉来说，很难达到环保的要求。此外，由于 SNCR 技术成本较低，改造方便，适宜协同应用其他的低 NO_x 技术。

1.2.4　SNCR/SCR 组合脱硝还原技术

SNCR/SCR 组合脱硝还原技术不是简单地将两种技术的组合，而是充分结合了 SNCR 技术投资少和 SCR 技术高效的优势发展而来的一种新型的组合工艺。典型的 SNCR/SCR 混合烟气脱硝工艺流程如图 1-8 所示。SNCR/SCR 组合脱硝还原技术具有两个反应区域：第一个反应区域为炉膛，通过炉膛壁面的喷射系统，将还原剂（尿素）喷入炉膛的高温区域，还原剂在没有催化剂的作用下与烟气中的氮氧化物发生反应，实现氮氧化物的初步处理；第二个反应区域为 SCR 脱硝反应器，经过初步处理的烟气进入 SCR 脱硝反应器中，在催化剂的作用下与还原剂进行脱硝反应，达到最终高

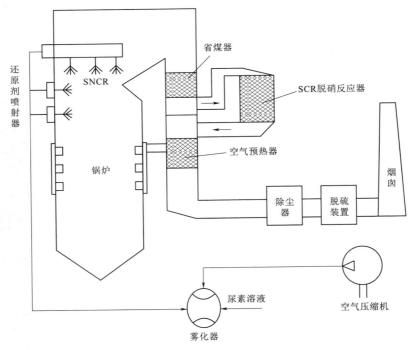

图 1-8 典型的 SNCR/SCR 混合烟气脱硝工艺流程

效脱除氮氧化物的目的。

相比于单独的 SNCR 和 SCR 脱硝还原技术，SNCR/SCR 组合脱硝还原技术具有以下特点：

（1）脱硝效率高，SNCR/SCR 组合脱硝还原技术的脱硝效率高达 80% 以上，不同脱硝技术的脱硝效率见表 1-2。

（2）催化剂用量少，SNCR/SCR 组合脱硝还原技术首先在没有催化剂的作用下，对氮氧化物进行初步的脱除，大大减少了 SCR 技术催化剂的使用，节省了投资。

（3）SCR 脱硝反应器体积小，空间适应性增强，对氮氧化物的初步脱除，降低了 SCR 技术的处理负荷。

表 1-2 不同脱硝技术的脱硝效率

技 术 名 称	脱硝效率/%	技 术 名 称	脱硝效率/%
燃尽风（OFA）	20～30	SCR	70～90
低氮燃烧器（LNB）	35～55	SCR-SNCR	40～90
LNB+OFA	40～60	LNB+SCR	50～80
再燃技术	50～60	LNB+OFA+SCR	85～95
SNCR	30～60		

1.3 脱硝催化剂的国内外研究现状

1.3.1 脱硝催化剂介绍

1. 催化剂分类

选择性催化还原法（SCR）主要的催化剂包括分子筛类催化剂、金属类催化剂及金属氧化物类催化剂。

（1）分子筛类催化剂。分子筛类催化剂具有优异的酸催化活性；可以承载铂、钯之类的金属，使金属催化功能和酸催化功能都能发挥出来，即得到双功能分子筛催化剂；另外由于分子筛催化剂具有良好的热稳定性和水热稳定性，对工业应用具有重要意义，因此分子筛催化剂在催化领域应用得比较广泛。目前最受关注的 Fe 基分子筛低温脱硝催化剂是 ZSM-5 型分子筛。Bell 从实验和计算两方面研究了 NO 在 ZSM-5 和承载金属 Cu、Co 的 ZSM-5 上的吸附机理，指出 NO 在分子筛催化剂上吸附时的吸附位、NO 在 Cu/ZSM-5 上的分解机理以及在 Co/ZSM-5 被还原为 N_2 的实质。Sultana 等认为 Fe/ZSM-5 的低温脱硝活性受金属离子的还原性能影响，而高温性能受酸性位的影响。Zhu 等制备的 $Fe-CuO_x$/ZSM-5 型催化剂在 180～360℃时脱硝效率可以保持在 98％左右。Fe/BEA 是另外一种具有较高脱硝活性的分子筛催化剂。该类催化剂不仅能促进 NO 的氧化还原，而且可以促进烟气中的 N_2O 分解为 N_2 和 O_2。Xia 等发现当 Fe 含量为 6.3％时，Fe/BEA 催化剂具有更多孤立态 Fe^{3+} 和 NO 的氧化性能。Shi 等认为，H_2O 的存在有利于 Fe/BEA 的 NH_3-SCR 反应，使得催化剂表面的 Lewis 酸位转变为 Brönsted 酸位，从而提高低温脱硝活性。SSZ-13 分子筛在 NO_x 和 CO_2 的脱除上具有巨大潜力，但低温脱硝性能较差。Niu 等发现焙烧温度为 500℃时所得到的 Fe/SSZ-13 样品在 300～400℃内 NO 转化率接近 100％，而焙烧温度再提升 50℃后样品在 100～550℃内 NO 转化率都未超过 50％。

（2）金属类催化剂。因为某些贵金属在低温下具有较好的低温活性，所以成为了早期被广泛应用的催化剂。常见的是以 Al_2O_3 为载体的 Pt、Rh、Pd 等贵金属，它们是早期 SCR 脱硝系统的催化剂。Kaneeda 等研究了 Pt/Al_2O_3 和 Pd/Al_2O_3 催化剂的催化活性，发现 Pt/Al_2O_3 的催化活性优于 Pd/Al_2O_3，且将一定量的 Pd 掺杂到催化剂 Pt/Al_2O_3 中可提升 NO 的氧化率。Li 等研究了浸渍法制备的 TiO_2 负载型催化剂对 NO 的催化氧化反应，发现催化剂的活性与载体、负载量、预处理条件和反应条件有关。其中 Ru/TiO_2 催化剂是活性最强的催化剂，NO 的转化率最高达到 94％。

总体来说，贵金属催化剂具有较高的 NO 催化氧化活性，但由于贵金属催化剂生产和使用成本较高，在使用过程中又易产生硫中毒等弊端，渐渐地被金属氧化物类催化剂取代。

（3）金属氧化物类催化剂。金属氧化物类催化剂包含有 MnO、FeO、Al_2O_3、V_2O_5 等。这些催化剂在使用时常常要和载体一起。工业上常用的金属氧化物催化剂是 V_2O_5/TiO_2。Bosch 等研究发现钒（V）物种可以是良好的金属氧化物催化剂。1996 年 Nakajima 和 Hamada 等研究了 TiO_2 催化剂脱硝反应的性能，指出其能表现出较好的活性。Pârvulescu 等实验研究指出在一定的条件下 V_2O_5 的吸附性能对 NH_3 的选择性是最好的。Zhao 等研究指出 NH_3 分子与 V_2O_5 催化剂体系在合适的温度和氧气的条件下，具有很好的性能。过渡性金属氧化物催化剂具有较好的 NO 氧化活性，但反应多需要在 300℃ 以上的高温下进行，其中 Mn 基催化剂的催化活性要明显高于其他过渡性金属氧化物催化剂。

2. SCR 催化剂失活

催化剂失活，顾名思义就是催化剂的主要作用物质与目标物质的吸附作用减弱或消失。催化剂失活现象的本质是少量的物质（反应物，产物、杂质）和催化剂活性中心发生某种作用，使催化剂活性中心的活性明显下降或消失。催化剂的失活一般有物理机理和化学机理两种机理。

物理机理：即少量的物质（反应物，产物、杂质）沉积在催化剂的表面堵住了催化剂的活性位和某些输送目标产物的活性通道，从而阻碍了活性组分与催化剂的良好接触，使催化剂失去存在的价值即失活。这种失活只是所谓的毒性物质颗粒覆盖在催化剂的表面，在工业生产应用中可以通过及时清理催化剂表面的覆盖颗粒来减轻催化剂的失活，主要采用的是水洗或酸洗的方法。

化学机理：即某些毒性物质颗粒与催化剂的活性位发生化学反应，使催化剂的活性位与目标产物反应减弱或不发生反应，从而使催化剂失活。催化剂失活在工业生产中影响很大，但是烟气中 SCR 催化剂的失活机理尚未完全明确，失活机理的研究一直是各国学者探究的重点。

3. SCR 催化剂分子设计

催化剂的催化活性取决于催化剂表面的活性点。研究发现，钒氧化物催化剂的失活主要是其活性位的酸性受到影响或者是其他物质与活性位发生作用、与 NH_3 发生竞争吸附而引起的。NH_3 在 SCR 催化剂 V_2O_5 表面上的吸附是脱硝反应的重要步骤，为了减少催化剂在生产使用过程中的失活，开发设计增强其酸性和抗失活能力的催化剂势在必行。高效催化剂的开发设计旨在增强其活性位与 NH_3 分子的作用强度，从而减少和削弱失活现象的发生。

1.3.2 催化剂失活机理的研究现状

1. SCR 催化剂失活机理研究现状

燃煤烟气飞灰中含有大量的碱金属（如 Na、K 等）、碱土金属元素（如 Ca 和

Mg)、磷（P）和砷（As），使得 SCR 催化剂用于燃煤、生物质等锅炉烟气处理时存在明显的化学中毒现象。同时，燃煤烟气中含有的 SO_2 和水以及钢铁烧结烟气中含有的 HCI 等酸性气体也能够直接和催化剂的活性位发生反应使其钝化，造成催化剂失活。

Morita 等给出了 SCR 催化剂的砷失活机理，如图 1-9 所示。由机理图可知，催化剂失活主要是表面的活性位优先与烟气中的毒性物质发生作用，从而使 NH_3 的吸附减少而使脱硝活性减弱。

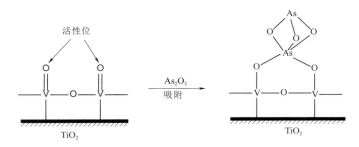

图 1-9　SCR 催化剂的砷失活机理图示

Khodayari 和 Odenbrand 研究了垃圾焚烧发电厂中重金属铅对 SCR 脱硝催化剂性能的影响，指出铅会与活性位发生化学反应也可以在催化剂表面和气相 NH_3 分子及 NO_x 之间形成障碍墙，从而使脱硝活性降低。Malgorzata 等从实验和理论上研究了碱金属掺入催化剂 V_2O_5 对其性能的影响，研究了碱金属 K 对 V_2O_5 表面电子结构的影响，研究指出碱金属 K 可以通过减小聚合物链的数目从而改变 V—O 键的长度和钒物种所处的环境。此处采用量子化学的从头算法计算了 Li、Na、K 和 Rb 等碱金属在 V_2O_5（010）表面的 O（1）空位和 O（2）-O（3）空位掺杂前后的吸附能和吸附后碱金属与 O 原子的距离，最后得出结论：碱金属会与催化剂表面形成较强的吸附，在某种程度上，碱金属也会使催化剂表面中毒。孙克勤等介绍了煤燃烧时烟气中砷的扩散，利用实验的方法测出氧化砷浓度与催化剂失活的联系，建立了烟气中的氧化砷使催化剂失活的反应速率动力学方程。朱崇兵等采用实验模拟中毒法研究了碱金属氧化物 K_2O 对催化剂 $V_2O_5 - WO_3/TiO_2$ 脱硝性能的影响，并利用比表面测试法（BET）、X -射线衍射分析（XRD）以及扫描电子显微镜（SEM）等方法对微观结构进行表征。

Nicosia 利用 DFT（密度泛函理论）计算以及采用实验方法研究了碱金属 K 以及碱土金属 Ga 对 SCR 催化剂催化活性的影响，指出碱金属和碱土金属会与 SCR 催化剂的活性组分 V_2O_5 的路易斯酸位 V^{+5} =O 以及布朗特酸（Brönsted）发生作用。催化剂 V_2O_5 的两个活性中心在 SCR 反应中起着至关重要的作用，它们会与 NH_3、NO 作用形成和分解中间产物 NH_2NO，而碱金属和碱土金属与其发生作用时就会使 NH_3 的吸附减少，从而使催化剂的活性降低。

Zheng 等通过实验室和半工业规模的实验研究了实际电厂中 KCl 和 K_2SO_4 在 $V_2O_5 - WO_3 - TiO_2$ 催化剂表面的失活机理。通过 SEM 分析指出：一方面，K 元素会部分沉积在催化剂表面，其沉积速率小于 NH_3 和 NO 在催化剂表面的扩散速率；另一方面，K 元素也会渗透到催化剂里面，K/V 比率达到 $0.5\sim0.75$，可使催化剂失活，可知 K 元素引起的催化剂失活是化学失活。通过实验发现，催化剂的失活是由于化学中毒和物理覆盖了活性位引起的。

张烨等对造成 SCR 脱硝催化剂失活的几种现象机理进行了研究，其指出烧结是 SCR 催化剂失活的主要缘由，另外还有 As 中毒、Ga 中毒、水蒸气中毒及催化剂孔隙积灰堵塞等造成的中毒。段竟芳指出灰尘覆盖直接导致催化剂失活，采用比表面测试法、X-射线衍射分析、扫描电子显微镜等方法对微观结构进行表征；还提出负载金属镍能使催化剂在易中毒的二氧化硫环境中的稳定性变好，但对其作用机理并没有做微观的描述。

杜学森对钒钛基催化剂的中毒机理进行了实验和计算机模拟研究，从分子层面系统阐释了钒钛氧化物催化剂的碱金属中毒机理，通过组分添加提高了催化剂的抗碱金属中毒能力，实验结果显示其研究的配方比商用 V - W - Ti 配方具有更好的抗碱金属中毒性能。Gao 等采用密度泛函理论（density function theory，DFT）对催化剂分子簇模型的两个 O(1) 与 Pb 的作用进行了优化和性质计算，研究指出 Pb 与催化剂表面的 O(1) 发生了电荷重组，即发生了化学吸附。

姜烨等对选择性催化还原脱硝催化剂失活进行了综述总结，文章指出 SCR 催化剂的失活有物理和化学的各种复杂过程，且提出了各种失活机理，为从微观分子层面进一步研究催化剂的失活机理提供了很好的理论依据。

综上所述，大量学者对 SCR 催化剂的失活过程进行了大量的实验和理论分析，但很少从分子层面研究其失活模型的键长、电荷等性质变化。本书主要从分子层面研究常用晶体模型 $V_2O_5(001)$ 表面的失活机理。

2. SCR 催化剂分子设计研究现状

覃吴开展了新型金属催化臭氧化催化剂的制备与分子设计研究，采用 DFT 对 CuO/Al_2O_3 催化剂及 Fe 掺杂催化剂对臭氧单层和双层模型体系进行几何优化和单点能计算，并用 SEM 分析了 CuO/Al_2O_3 催化剂和 Fe 掺杂 CuO/Al_2O_3 催化剂的表面结构情况，发现 Fe 掺杂 CuO 催化剂表面具有更好的催化活性。Liu 等采用 DFT 研究了 NO 和 NO_2 在 Al_2O_3 和 Ga 修饰的 Al_2O_3 表面的吸附性质，计算了各个吸附模型的吸附能、吸附前后的键长和电荷变化，比较了 NO 和 NO_2 在 Al_2O_3 表面的吸附强度，并得出其吸附方式是 N 朝下和 Al_2O_3 表面的 O 原子作用。此外，Liu 等还设计了比 Al_2O_3 更高效的脱硝催化剂，即 Ga 取代活性位上的 Al，通过比较取代前和取代后的吸附能、NO 和 NO_2 的键长以及吸附后 Al_2O_3 和 $Ga - Al_2O_3$ 的态密度图，发现 Ga 取代后催化剂的脱硝效率更好。姜烨通过实验制备了两种以二氧化钛作为载体的催化剂 V_2O_5/TiO_2 和 CeO_2/TiO_2，并对这两种催化剂的 NO 还原反应性能进行分析。指出主催化剂的负载量以及主催化中的 V、Ce 物种与 Ti 的作用会影响催化剂的脱硝活性，此结论也为催化剂的制备提供了一定的参考依据。Zhang 等采用 DFT 理论研究了 F 掺杂 V_2O_5/TiO_2 催化剂表面的性质，发现 F 掺杂后易于在催化剂表面形成更多的氧空位，有助于钒氧化物与氧空位的电子形成超氧化物离子。通过以上过程，NH_3 可以更好地与催化剂表面发生吸附作用，进一步与 NO_x 反应，提高低温条件下 SCR 催化剂的催化活性。赵炜基于 DFT 对氟掺杂的 V_2O_5 催化剂进行了模拟分析，指出掺杂前后钒（V）物种的电荷降低，说明催化剂表面还原态 V 物种增加有助于 NH_3 的吸附。由此可推测提高 V_2O_5 催化剂表面的 V 物种的活性可以作为高效催化剂设计的方向。

综上所述，各国专家对 SCR 催化剂脱硝系统进行了大量的实验研究，在实验室基础上研究了还原性气体 NH_3 以及 NO_x 在催化剂上的吸附脱附机理，不仅工作量大、效率低，而且对环境造成影响。随着计算机的发展，计算机分子模拟手段被广泛应用到了科学研究领域，现在科研人员广泛采用计算模拟的方法对实验进行机理研究和前期预测。另外，随着商用催化剂的广泛应用，工业生产中催化剂的失活也得到了关注，进而对高效催化剂的开发设计也成为了各国科学实验者的主要研究工作。但是很少有人从微观角度对催化剂与还原性气体的吸附、催化剂失活和设计方面进行系统的探究。基于催化剂在使用过程中容易失活的弊端，怎样设计和制备出高效的催化剂成为了研究的热点。目前，国内外主要采用非金属掺杂催化剂主要成分以及在载体上掺杂物种改变其化学活性来达到高效催化剂的设计，本书利用模拟计算的方法研究催化剂表面与吸附质的作用机理，以及催化剂使用过程中失活机理，并从化学反应的前线轨道理论出发，设计出用金属原子取代活性位原子的催化剂，对设计和开发高效催化剂具有重要指导意义。

1.4　脱硝反应器的国内外研究现状

SCR 脱硝反应器作为烟气 SCR 脱硝工艺系统的关键和核心设备，一直受到国内外学者的广泛重视。目前国内外学者对其进行了大量研究，主要包括实验研究和数值模拟研究，按研究状态的不同又可分为冷态研究和热态研究。

1.4.1　脱硝反应器实验研究现状

在冷态实验研究方面，刘创等在实验室搭建了十分之一模型，分别对 BMCR 工况、75%THA 工况和 50%THA 工况进行了实验研究，通过研究不同导流板布置方式下的催化剂层表面的速度分布和 NH_3 浓度分布，探究反应器内部混合效果；陈海林以欧拉相似准则，搭建了十分之一模型的冷模实验台，研究并验证了反应器入口处烟气速度和浓度偏差是否能够达到工程要求，并为实际尺寸脱硝装置的建立提供了参照；郑祥用 ESC、ETC 等实验方法得到了柴油机排放的实际数据，并结合数值模拟研究分析了 Urea - SCR 系统对柴油机尾气处理的有效性和效率；毛剑宏等以 1∶1 搭建了实验模型，研究了不同导流板布置方式对催化剂层速度分布的影响，研究结果表明：在变截面结构和 90°弯道处通过布置导流板结构使得反应器内部流场得到了很好的改善，且能有效地降低压力损失；朱文斌针对某电厂 2×300MW 机组，通过优化方案与基本方案的对比，得到了最佳的导流板结构以及较好的流场分布和浓度场分布。

可以看出，国内学者对 SCR 脱硝反应器进行了大量的冷态实验研究，获得了反应器内部详细的流场信息，但是关于流场的优化主要集中在导流板结构与布置上，而且冷态实验研究与反应器的实际运行状况有很大的差别，也不能获得反应器脱硝效率和氨逃逸率等能够体现反应器脱硝性能的相关参数，为此许多学者对脱硝反应器的热态研究进行了尝试和探讨。

在热态实验研究方面，Gupta 对制备的 Cu/ZSM - 5 沸石催化剂进行了实验研究，研究了烟气中不同氧浓度、不同速度、不同还原剂浓度等因素对催化剂脱硝效率的影响。结果表明：随着氧浓度的增高催化剂的脱硝效率先增加后降低；随着不同烟气速度的增加，催化剂层脱硝效率逐渐下降；随着还原剂浓度的增加，脱硝效率逐渐增高。Colombo 等通过实验对比研究了铜基沸石催化剂和铁基沸石催化剂的催化脱硝反应效果，研究结果表明：铜基沸石催化剂具有较高的氨吸附储存能力和较高的氨氧化活性，而铁基沸石催化剂则正好相反。此外，Colombo 等还通过实验研究得到了铜基沸石催化剂脱硝反应的实验结果，并根据实验结果分析得到了脱硝反应的动力学参数。Scheuer 等为了使得脱硝反应器得到较高脱硝效率和较低的氨逃逸率，也降低氨逃逸率，制备了双层催化剂的反应器，其中一层为 SCR 催化剂，主要发生脱硝反应；另一层为 NH$_3$ 氧化剂层，主要是将没有参与脱硝反应的 NH$_3$ 进行氧化去除，以减少氨的逃逸率。其还研究了加热与冷却过程中 NH$_3$ 和 NO 浓度的变化规律。研究结果表明：双层催化剂不仅获得了较高的脱硝效率，而且获得了较低的氨逃逸率。Carucci 等制备了直径为 460 μm、长度为 9.5mm 的微孔道 SCR 脱硝反应器，并在微孔道上涂抹了 Ag/Al$_2$O$_3$ 催化剂，在常压下研究了在 150～550℃ 的不同机动车尾气的脱硝效率。Hou 等通过改变 NH$_3$ 喷入的方式来提高脱硝效率，为此其制备了 Cu - CHA 催化剂，该催化剂具有较好的吸附 NH$_3$ 能力，通过吸附在催化剂表面的 NH$_3$ 使其参与反应，而不是以射流的形式喷入还原剂 NH$_3$，实验得到了很好的效果。

通过以上文献可以发现，热态的实验研究多集中在外国学者对催化剂性能的小型实验研究，而对其内部的流动状态研究较少，并不能很好地研究整个脱硝反应器的运行情况。而且实验研究时间和经济成本较高，研究工况相对单一。相比于实验研究，数值模拟研究具有时间和经济成本较低，而且能够详细对多种工况进行同时研究的特点。因此在实验研究的基础上，国内外许多学者对脱硝反应器进行了大量的数值模拟研究。

1.4.2 脱硝反应器数值模拟研究现状

在冷态数值模拟研究方面，胡满银、梁玉超等对 SCR 脱硝反应器有无导流板以及喷氨面的位置进行了数值模拟研究，研究结果表明：增加导流板能有效地改善反应器内部的流场，且导流板在倾角为 60°时效果最佳；喷氨面位于烟道中部位置时，脱硝效率最为合理。王志强等对某电厂 1×300MW 脱硝反应器的直弧导流板、喷氨系统的防磨装置、整流格栅等关键部件进行数值模拟研究，研究关键部件所造成的压力损失，并与冷态实验值做了对比，研究结果表明：喷氨系统的防磨装置造成的系统压力损失最大，整流格栅所带来的压力损失最小。周健和金理鹏等对某电厂 600MW 机组脱硝反应器的 BMCR、75%THA、50%THA 三种工况进行了数值模拟研究，对反应器内部流场均匀性以及催化剂层压降进行了分析，通过改变导流板的布置方案对反应器入口段的流场进行了优化研究。华北电力大学徐妍分别对直形导流板、弧形导流板、直弧形导流板、直弧直形导流板四种结构进行了数值研究，研究结果表明：采用直形导流板和直弧形导流板结构相结合的方式，烟气和氨气混合得较为均匀。汤元强等将喷氨格栅划分两个区域，其中靠近壁面为Ⅰ区域，内部为Ⅱ区域，通过控制两个区域喷氨孔直径和喷氨孔排布进行优化研究，研究结果表明：最佳的喷氨孔直径为 30mm；且随着两个区域速度差的增大，NH_3 浓度偏差先减小后增大，最佳喷氨速度Ⅰ区域为 17m/s，Ⅱ区域为 11m/s。浙江大学裴煜坤对 V 形喷氨混合格栅进行了试验和数值模拟研究工作，研究结果表明：数值模拟结果与实验结果较为符合；V 形混合单元对齐布置时湍流涡混强度大，持续距离长；同时增大覆盖率，混合距离缩短，但是能耗上升。陈山对 SCR 脱硝反应器内部导流板对流场的影响进行了研究，并研究了飞灰颗粒在反应器内部的分布。隋莉莉对脱硝反应器内部涡轮性混合器以及脱硝反应器出口段结构进行了优化研究，研究结果表明：在 SCR 脱硝系统中采用涡轮型混合器，可以使气流先后产生逆时针和顺时针的旋转，使混合气体产生径向速度分量，促进不同种气体之间的混合，但涡轮型混合器混合的有效区域受到限制，而且在出口面产生氨气浓度偏向一边的情况；优化后的烟道出口形状相比于初始方案压力损失降低 52%左右。金强等对不同结构混合格栅的形状以及安装位置优化进行了研究，研究结果表明：V 形混合格栅的混合效果较好，优化后使得出口处氨浓度相对标准偏差由 7.22%降低到了 5.42%。可以看出，国内大多学者对反应器内部导流板的形状与布置、混合格栅的形状与布置以及喷氨系统的布置等对脱硝反应器内部流场的影响进行了数值模拟研究，取得了一定的研究成果，但是冷态工况下的流场与实际运行工况仍有一定的差别。

因此冷态工况下不能直观对脱硝反应器的脱硝性能进行表征，因此许多学者对脱硝反应器的热态数值模拟进行了研究。

在热态数值模拟研究方面，孔凡卓等对低氮燃烧联合 SNCR 进行了数值模拟，计算了不同工况条件下（不同配风、不同燃烧工况以及喷氨孔不同位置）的炉膛烟气出口处的氮氧化物浓度，得到了炉膛内部较为详细的流场和浓度场，为实际工况与设备制造与优化提供了指导意见；陈金军对柴油机 SCR 脱硝反应器进行了一维和三维的数值模拟研究，主要对不同反应温度以及含氧浓度的工况进行了探讨；蔡小峰对 SCR 脱硝反应器内部有无导流板进行了冷态数值模拟研究，并对脱硝反应器的氨注射系统和催化剂的还原情况进行了研究。研究结果表明：在反应器烟道弯段和变截面段布置导流板，能够有效地优化反应器内部的流场分布，且直流引流段的导流板对流场均布具有明显的效果；采用非均匀喷氨（降低壁面附近喷氨流速），能够有效改善氨浓度的均匀性；采用有限速率模型单独对催化剂层脱硝反应进行了模拟，数值模拟结果比较合理，但是没有系统状态下脱硝反应器内部的脱硝反应。湖南大学文青波制备了球形 Al_2O_3 颗粒催化剂，并对其进行了表征，研究了催化剂的形状、催化剂活性存在的状态以及催化剂的最优配比，并对制备的催化剂的脱硝性能进行了数值研究，研究了催化剂涂层厚度、烟气流速以及催化剂孔道直径对脱硝效率的影响，为催化剂的实际应用提供了依据。通过以上内容可以发现，目前学者对反应器内部热态数值模拟的研究相对较少，且主要集中在催化剂层的脱硝反应，而对脱硝反应器内部整体的流动、传热与传质反应的研究相对较少，因此对脱硝反应器内部热态的数值模拟显得更加重要。

第 2 章

烟气脱硝技术的基础研究方法

随着我国火电厂 NO_x 排放限值的日趋严格，具有脱硝效率高、无二次污染的选择性催化还原技术受到越来越多燃煤电厂的青睐。在实际工程中，首层催化剂前的烟气速度、氨氮比及飞灰浓度等参数不均匀分布会大幅削弱 SCR 脱硝系统的 NO_x 脱除效率。此外，催化剂床层结构不合理、催化剂失活等均会导致脱硝效率的显著降低。因此，有必要对火电机组脱硝系统进行多尺度的建模与仿真。本章对脱硝系统多尺度建模的方法进行简要介绍。

2.1　计算机数值模拟技术

近年来由于计算机的快速发展，数值模拟技术得到了巨大的发展。当问题遵循的规律比较清楚，所建立的数学模型比较准确，并为实践证明能反映问题实质时，数值模拟具有巨大的优越性。数值模拟具有成本低、时间短、省人力等优点，便于优化设计，能获得完整的数据，能模拟实际运行过程中各种所测数据状态，对于设计、改造等商业或实验室应用能起到重要的指导作用。它比试验研究更自由灵活，并能对试验难以测量的量做出估计。数值模拟由于其优越性，得到了广泛的应用。目前为止，采用计算机模拟技术已经是国内外能源领域的研究者们普遍采用的手段。模拟的方向也趋向于实用性。

火电厂 SCR 工艺系统一般位于省煤器之后，还原剂 NH_3 由喷氨系统（喷氨格栅）喷入烟气中，还原剂在烟道中通过混合格栅的强化混合之后，进入 SCR 脱硝反应器的主体结构，在催化剂层催化剂的作用下发生脱硝反应。SCR 脱硝反应器是火电厂 SCR 工艺系统的关键设备，通常将其放在省煤器与空气预热器之间，高含尘烟气段布置的优势在于烟气温度较高（一般为 $300 \sim 500\,℃$），因此不需要额外加热就可以满足催化剂的工作温度，但是由于从锅炉出来的烟气没有经过除尘，因此烟气含尘量较高，对催化剂的寿命有一定的影响，具体包括：①飞灰中的 K、Na、Si、As 可能造成催化剂中毒失去催化能力；②含尘气体加速催化剂的磨损以及催化剂孔道的堵塞，阻碍反应的发生；③如果烟气温度太高，可能造成催化剂的烧结。

综上可以看出，脱硝系统性能不仅取决于反应器结构参数、还原剂喷射控制系统等，还与催化剂的长效性密切相关。因此，有必要对火电机组脱硝系统进行多尺度的建模与仿真。从催化剂尺度深入研究 NH_3 分子在催化剂表面的吸附机理，揭示催化剂作用过程中的失活机理，进而从增强脱硝催化剂上活性位活性的角度设计高效催化剂；从反应器尺度对脱硝反应器进行多物理场建模仿真，分析脱硝系统的关键运行和结构参数对脱硝性能的影响规律，并对其进行多目标优化；从系统尺度对 SCR 反应进行模拟，分析操作参数和物性方法对 SCR 反应的影响，并开展反应器性能的动态控制研究，分析 PID 参数对反应器流速及反应器内还原剂浓度的影响。

2.2　分子模拟方法

2.2.1　分子模拟概述

计算机分子模拟手段被广泛应用到了科学研究领域。它以理论方法为基础，借用计算机通过构建模型、选择适当的计算参数进行结构优化，从而获得有用的信息，如物质的表面结构和性质；也可以预测物质的一些实验性质，从而更好地指导实验。利用计算机模拟分析催化剂失活的机理，设计出高效的催化剂，对其吸附性能进行模拟预测，具有可靠的理论指导意义，也可以节省大量的实验探索的人力、物力和财力。

量子力学是近代科学的一个伟大成就，它用量子化的概念和波函数描述电子及核的运动状态。为描述电子运动状态而进行的量子化学计算，其关键任务是求解电子运动的薛定谔方程，进而求得电子运动的波函数和量子化的能级。在量子化学计算中，所有计算方法的核心都是求解薛定谔方程的近似解。

一个分子体系在非相对论近似状态下的电子结构，服从定态薛定谔方程，表达式为

$$\hat{H}\Psi(r,R)=E\Psi(r,R) \tag{2-1}$$

式中　$\hat{H}$——描述分子中各种运动和相互作用能量的数学表达式（也称为 Hamilton 算符），它包括电子运动动能、原子核间静电排斥能、核与电子静电吸引能、电子与电子静电排斥能等；

Ψ——描述电子在分子中各原子核外运动状态的数学函数，又称分子波函数；

E——分子的总能量。

但对于定态的薛定谔方程，只有单电子类氢原子或离子能得到解析解，对于绝大多数分子体系而言，Schrödinger 方程目前还不能严格求解。为了解决这一问题，学者在氢原子严格解的基础上，通过各种近似，发展了许多数值计算方法。目前 DFT 是应用最为广泛的、计算结果与实验最符合的方法。量子化学计算流程如图 2-1 所示。

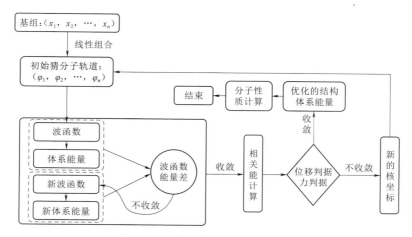

图 2-1　量子化学计算流程图

2.2.2　密度泛函理论

奥地利裔美国科学家瓦尔特·科恩（Walter Kohn）于 1965 年创建了 DFT，该理论认为分子体系的能量和电子密度是相互关联的，电子密度是分子性质的决定性因素，体系的能量是电子密度的泛函。这种方法准确地计算出分子能量常量，从而绕开求解多电子波函数，减少了运算量。密度泛函理论常见的近似方法介绍如下。

2.2.2.1　波恩-奥本海默（Born-Oppenheimer）近似

式（2-1）的基本薛定谔方程中，Ψ 不含时间，当体系随时间演变时，含时间的薛定谔方程为

$$\hat{H}\Psi(r,R,t)=\frac{ih}{2\pi}\frac{\partial \Psi(r,R,t)}{\partial t} \qquad (2-2)$$

在原子中电子的质量远远小于原子的质量，但电子运动的速率可以比原子高出两到三个数量级。故而分析某时的电子结构时，可把原子核看作是静止的，即此时可忽略原子核运动对电子结构的影响，因此提出了波恩-奥本海默近似。其核心思想是将原子核的运动和电子的运动分开处理，即分析电子运动时，认为中间的原子核是固定不动的；分析原子运动时，也不考虑原子核周围电子的运动，假设原子核在均匀的电子场中运动。在特定的核构型下，所有电子的运动方程可表示为

$$\left[-\frac{1}{2}\sum_{i}\nabla_i^2+\sum_A\sum_{B>A}\frac{Z_AZ_B}{R_{AB}}+\sum_i\sum_{j>i}\frac{1}{r_{ij}}-\sum_i\sum_A\frac{Z_A}{r_{iA}}\right]\Psi=E(R)\Psi \qquad (2-3)$$

式中　$-\dfrac{1}{2}\sum\limits_{i}\nabla_i^2$ ——电子的动能；

$\sum\limits_A\sum\limits_{B>A}\dfrac{Z_AZ_B}{R_{AB}}$ ——原子核间的排斥能；

$$\sum_i \sum_{j>i} \frac{1}{r_{ij}}$$——电子之间的排斥能；

$$\sum_i \sum_A \frac{Z_A}{r_{iA}}$$——电子和原子核之间的相互作用能；

$E(R)$——分子处于该构型时电子的总能量；

R_{AB}——核与核之间的距离。

而特定条件下，原子核运动方程为

$$\left[-\frac{1}{2}\sum_A \frac{1}{M_A}\nabla_A^2 + E(R)\right]\Psi = E\Psi \tag{2-4}$$

波恩-奥本海默近似的不足为只能使用于简单的体系，解决复杂的多电子体系还存在问题。因为式（2-4）第三项电子之间相互作用量无法通过分离变量计算，所以它的精确解要经过很多的近似。

2.2.2.2　哈特利-福克（Hartree-Fock）近似

由式（2-3）可知，电子之间的相互作用是不能通过分离变量来解决的，它们之间也存在着不能被忽略的作用。与波恩近似一样，只能适用于简单的体系，对于复杂多电子体系的解决还存在问题，需要进行进一步的近似处理，因此引入一种单电子近似。单电子近似的核心思想是假设每个电子都在所有电子产生的势场中相对独立地运动，用单电子的波函数描述多电子体系中单个电子的运动。

然后用单电子的波函数 Ψ_i 来表示所有电子的总波函数 Ψ，总波函数 Ψ 等于所有电子波函数的积。波函数表示一个微观体系的状态和由该状态所决定的各种物理性质。结合经典物理学中波动的表示形式和微观粒子的粒子特性关系，得到一个粒子的一维运动的波函数，即

$$\Psi = A\exp\left[\frac{2\pi i}{h}(xp_x - Et)\right] \tag{2-5}$$

$$\Psi = \Psi_1\Psi_2\cdots\Psi_n \tag{2-6}$$

式中　E——光波的能量；

p_x——粒子在 x 方向的动量。

在多电子体系中，假设电子 i 处在其他电子所产生的势场中，引入了一个只与电子 i 有关的势函数 $v_i(r_i)$，即

$$v_i(r_i) = \sum_{j\neq i}\int \frac{\rho_j}{r_{ij}}dr_j \tag{2-7}$$

$$\rho_j = |\varphi_j|^2 e \tag{2-8}$$

综上，在单电子近似中每个电子运动的特性只跟其他电子的平均密度分布有关。但是在此近似中，没有考虑自旋相反电子的关联作用。

2.2.2.3　科恩-沈（Kohn-Sham，KS）方程

KS方程是密度泛函理论的基础方程，它的核心思想是把哈特利-福克近似解决不

了的问题全部归结为电子的交换关联作用，以无相互作用体系作为参考，把复杂的相互作用都归结到交换关联项里去。

KS 方程表示电子能量的方法为

$$E = -\frac{h^2}{2m_e} \sum_{i=1}^{n} \int \Psi_i^*(r_1) \nabla_1^2 \Psi_i(r_1) \mathrm{d}r_1 - \int V_{\mathrm{ext}} \rho(r1) \mathrm{d}r_1 + \frac{1}{2} \int \frac{\rho(r_1)\rho(r_2)e^2}{4\pi\varepsilon_0 r_{12}} \mathrm{d}r_1 \mathrm{d}r_2 + E_{\mathrm{XC}}[\rho]$$

$$(2-9)$$

式中，等式右边的四项分别是电子的动能之和、电子在外势场中的能量、电子之间的相互用项和电子与电子之间的交换相关能。

电子与电子之间的交换相关能 $E_{\mathrm{xc}}[\rho]$ 常用的近似方法有：

（1）局域密度近似（local‑density approximation，LDA）。当电子密度变化很缓慢时，认为体系的电子密度是均匀分布的，把系统分成小单元，那么 $E_{\mathrm{xc}}[\rho]$ 就可以表述为只与体积元 $\mathrm{d}r$ 周围很小距离的电荷密度有关系的函数。$E_{\mathrm{xc}}[\rho]$ 可以表达为

$$E_{\mathrm{XC}}[\rho] = \int \rho(r)\varepsilon_{\mathrm{XC}}[\rho(r)]\mathrm{d}r \qquad (2-10)$$

式中　$\varepsilon_{\mathrm{XC}}$——每个电子的交换和相关能。

（2）广义梯度近似（generalized gradient approximation，GGA）。当电子密度本身是不均匀的，LDA 方法过于简单，交换相关能不仅与电子密度有关，还与不均匀电子气中的电子密度梯度有关。于是加入不定域密度对局域密度的近似方法加以改进。

（3）杂化泛函。杂化泛函是由不同的泛函组合在一起形成的，将密度泛函理论中的交换相关能与哈特里‑福克‑罗特汉（Hartree‑Fock‑Roothaan）方程中的交换能项加在一起，被广泛采用。

2.3　宏观 CFD 模拟方法

2.3.1　计算流体动力学简介

计算流体动力学（computational fluid dynamics，CFD）主要用途是对流体进行数值仿真模拟计算。CFD 技术用途非常广泛，大到飞机火箭、船舶、建筑物、汽车等的外部流场以及化学反应器、发动机、锅炉等内部反应、燃烧传热、传质过程的仿真模拟，小到喷墨打印机喷墨、人体微血管内血液流动过程的仿真计算。与实验相比，数值模拟具有信息量大、成本低、易并行化、能快速响应等特点。

目前，CFD 数值模拟与传统的理论分析方法、实验测量方法构成了研究流体流动问题的完整体系。与理论分析和实验测量相比，CFD 数值模拟方法具有很多优势：

（1）由于实际流动问题控制方程组的强非线性，在复杂几何形状和边界条件情况下很难求得它们的解析解，而 CFD 数值模拟就有可能找出满足工程设计需要的数

值解。

（2）通过各种 CFD 数值模拟仿真实验，可以对工程设计进行优化，例如，能够选择不同流动参数进行物理方程中各项有效性和敏感性试验，从而进行方案比较并给出详细和完整的计算资料。

（3）CFD 数值模拟不受几何模型和实验条件的限制，可模拟具有特殊尺寸、高温、有毒、易燃等特点在实际模拟实验中无法实现的复杂物理场景。

（4）CFD 数值模拟能在较短时间内预测流场，能帮助理解流体力学问题，为实验提供指导，为设计提供参考，从而节省人力、物力和时间。

采用 CFD 方法进行数值模拟，整个过程通常遵循的技术路线或技术思路如图 2-2 所示。对于稳态问题而言，其过程主要包括建立反映工程问题或物理问题本质的数学模型（也称控制方程）；建立离散方程，寻求高效率、高准确度的计算方法；编制程序和进行计算；显示计算结果。

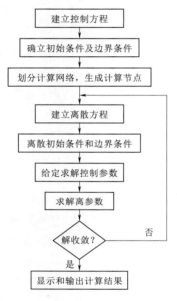

图 2-2　CFD 数值模拟的
技术路线示意图

1. 建立反映工程问题或物理问题本质的数学模型（也称控制方程）

建立控制方程具体而言就是要建立描述具体问题各个量之间相互关系的微分方程及相应的定解条件，这是数值模拟求解任何问题的出发点和前提。没有正确完善的数学模型，数值模拟将无法进行。因此首先要对具体问题进行分析，比如，流动是否定常、是否是湍流、是二维还是三维、是否有内热源等，然后将通用的控制方程进行简化，最后得到该具体问题的控制方程。当然，数学模型的建立往往是理论研究的课题，一般由理论工作者完成。

2. 建立离散方程，寻求高效率、高准确度的计算方法

这里的计算方法不仅包括微分方程的离散化方法及求解方法，还包括贴体坐标的建立、边界条件的处理等，该部分内容是计算流体动力学的核心。由于所引入的因变量在节点之间的分布假设及推导离散化方程的方法不同，就形成了有限差分法、有限元法、有限体积法等不同类型的离散化方法。在同一种离散化方法中，对流项所采用的离散格式不同，也将导致最终有不同形式的离散方程。对于瞬态问题，除了空间域上的离散外，还要涉及时间域上的离散。离散时，将要涉及使用何种时间积分方案的问题。将所建立的控制方程在所建立的网格上离散，得到一组关于这些未知量的代数方程组，然后通过求解代数方程组来得到物理量在这些节点上的值，而计算域内其他位置上的值则通过插值函数根据节点上的值来确定。

3. 编制程序和进行计算

这部分工作包括计算网格划分、初始条件和边界条件的输入、控制参数的设定等，这是整个数值模拟工作中花时间最多的部分。由于求解问题的复杂性，数值求解方法在理论上并非绝对完善，因此需要通过实验加以验证。从这种意义上讲，数值模拟又叫数值试验。

4. 显示计算结果

计算结果一般通过云图、线图或表格等方式显示，这对检查和判断分析结果有重要意义。如果所求解的问题为非稳态问题，则可以将上述过程理解为某个时间步的计算过程，完成该时间步的计算过程后继续循环求解下个时间步的解。

2.3.2　CFD 商用软件包介绍

随着计算机软硬件技术的发展和数值计算方法的日趋成熟，出现了基于流体动力学理论的商用 CFD 软件，使研究人员可以从编制复杂的程序中解放出来，将更多精力投入到对流动和传热问题的物理本质等重要方面，为解决实际工程问题开辟了新的途径，以下简单介绍几款常见的商用 CFD 软件。

1. ANSYS FLUENT 软件

ANSYS FLUENT 软件采用 C/C++语言编写，通过交互界面和菜单界面进行操作，具有高效执行、交互控制、易操作以及灵活适应各种机器与操作系统的特点。ANSYS FLUENT 软件包含基于压力的分离求解器、基于压力的耦合求解器、基于密度的隐式求解器、基于密度的显式求解器，多求解器技术使 ANSYS FLUENT 软件可以模拟从不可压缩到高超音速范围内的各种复杂流场。与其他 CFD 软件相比，AN-SYS FLUENT 软件包含有非常丰富、经过工程确认的物理模型，如湍流模型、噪声模型、化学反应模型、多相流模型等。此外，ANSYS FLUENT 软件还提供了其他与传热紧密相关的汽蚀模型、可压缩流体模型、热交换器模型、壳导热模型、真实气体模型、湿蒸汽模型、相变模型和表面反应模型等。相变模型可以追踪分析流体的融化和凝固，表面反应模型可以用来分析气体和表面组分之间的化学反应及不同表面组分之间的化学反应，以确保表面沉积和蚀刻现象被准确预测。ANSYS FLUENT 软件是目前使用最多、最通用的商业计算流体动力学软件，对于模拟复杂流场结构的不可压缩/可压缩流动来说，ANSYS FLUENT 是很理想的软件。

2. COMSOL Multiphysics 软件

COMSOL Multiphysics 软件以有限元法为基础，通过求解偏微分方程（单场）或偏微分方程组（多场）来实现真实物理现象的仿真，被当今世界科学家称为"第一款真正的任意多物理场直接耦合分析软件"。用数学方法求解真实世界的物理现象，

COMSOL Multiphysics 软件以高效的计算性能和杰出的多场双向直接耦合分析能力实现了高度精确的数值仿真，已经在声学、生物科学、化学反应、弥散、电磁学、流体动力学、燃料电池、地球科学、热传导、微系统、微波工程、光学、光子学、多孔介质、量子力学、射频、半导体、结构力学、传动现象、波的传播等领域得到了广泛的应用。

2.4　工艺流程建模方法

工艺流程模拟系统即化工模拟系统，是一种应用计算机辅助进行工艺研究的软件，输入有关化工流程的信息，对过程开发、优化设计或操作条件进行系统分析与计算，从而为工艺流程的设计、操作参数的调整等提供参考。化工流程模拟系统主要包括稳态模拟系统、动态模拟系统、优化模拟系统和分批处理系统四种类型。利用化工流程模拟软件，可以节省大量的财力、物力以及人力，大大提高工作效率。通过化工流程模拟技术，我们能够从最深入的角度来预测、分析和解决生产中遇到的问题，进行装置调优、流程分析、工艺设计以及技术改造等，从而实现优化生产、节约资源、保护环境和提高经济效益的目的。

Aspen Plus 软件是大型流程模拟软件，出自 Aspen Tech 公司，在 1982 年开始商业化，经过 40 年的发展、提升，现在已经成为国际上认可的标准流程模拟软件。Aspen Plus 流程软件拥有 2 个通用数据库以及多个专用数据库，其数据库包含大约六千种纯组分的物性数据，同时 Aspen Plus 软件含有 50 多种单元操作模块，通过模块间的组合形式对流程进行模拟。

Aspen Plus 软件具有灵活的分析工具，包括灵敏度分析、流程优化、数据拟合与回归、装置设计与工艺计算、经济性评价等。Aspen Plus 软件的主要功能有：

（1）通过建立符合实际情况的稳态模型，对工艺过程进行严格的质量和能量平衡计算。

（2）可以预测物流的流率、组成以及性质。

（3）可以预测模型操作条件和设备尺寸，提高装置的设计效率，减少装置的设计时间，更快捷地进行方案的比较。

（4）对工艺设备进行优化操作，帮助改进当前工艺，在给定的限制内优化工艺条件，辅助确定一个工艺的约束部位（消除瓶颈），为工艺模型提供了强有力的设计和优化平台，以及对新建项目方案进行评价和优化设计。

Aspen Plus 软件的优点是功能齐全、模拟准确、快速可靠、应用方便、计算方法先进等，因此在全球范围内应用非常广泛，例如化学、石油炼制与加工、天然气加工、煤炭、制药、化工、精细化工等相关工业领域，这些应用为火电机组脱硝系统模型的建立提供了参考和应用依据。

第 3 章

脱硝催化剂性能的分子模拟研究

以 NH_3 为还原剂的 SCR 烟气脱硝系统是去除 NO_x 最为有效的手段之一，SCR 催化剂作为 SCR 烟气脱硝系统的关键，催化剂失活会导致 SCR 系统的运行成本提高。目前通用的烟气脱硝催化剂是钒基催化剂，不但价格昂贵，而且由于 SCR 系统长期位于温度较高、烟气成分复杂的工况下，催化剂可能会失活。延长催化剂的使用寿命对于电厂实际运行有着重要的实际意义。引起 SCR 催化剂失活主要有中毒、堵塞、烧结和磨损等方式。在这些催化剂失活方式中，中毒失活是催化剂失活速率加快的主要原因。本章将对钒基催化剂的作用机制、失活机理及分子设计进行深入研究。

3.1 催化剂分子模拟方法

3.1.1 SCR 反应机理分析

本章主要研究工业上常用的 V_2O_5 催化与还原剂 NH_3 的吸附反应机理。关于 NH_3 在催化剂表面的吸附机理有两种方式：

（1）认为 NH_3 以共价态吸附在催化剂的路易斯酸位上〔路易斯酸是由 1923 年美国物理化学家吉尔伯特·牛顿·路易斯（G. N. Lewis）提出的一种酸碱理念，指出但凡可以接受外来电子或电子对的分子、基团或离子为酸；能够提供电子或电子对的分子、基团或离子为碱。而 V_2O_5 的路易斯酸位为 V^{+5}〕。

（2）认为其以 NH_4^+ 的形态吸附在催化剂表面的布朗特酸（Brönsted）（V=O）上。1980 年，Inomata 提出了另外一种反应机理即 Eley - Rideal 机理。Eley - Rideal 机理指出 NH_3 在 V_2O_5 上的反应遵循以布朗特酸为中心。首先 NH_3 吸附到催化剂表面的 V—OH 位形成 NH_4^+，这一步发生的非常快，是反应过程中的快速反应；然后 NO 和 NH_4^+ 反应生成一个过渡态产物，最后该过渡态化合物进一步活化生成 N_2 和 H_2O。

3.1.2 前线轨道理论介绍

在分子中存在不同能级的分子轨道，电子从低能级向高能级排布，有电子填充且能量较高的轨道为最高占有轨道（HOMO 轨道），没有被电子填充且能量最低的轨道叫最低占有轨道（LUMO 轨道）。HOMO 和 LUMO 轨道就是前线轨道。化学反应的实质是电子转移和轨道重组，因此前线轨道是化学反应的关键。LUMO（lowest unoccupied molecular orbital）轨道的能量可表征催化剂吸引共用电子对的能力，是表征催化剂酸性的有效指标。LUMO 轨道的能量越低表示催化剂的酸性越强。因此研究催化剂氧化物的酸性的大小，是表征 SCR 催化剂脱硝能力的一个指标。

3.1.3 DMol3 的基组选择

在量子化学的计算中，要引入一些计算方法即计算函数来达到以微观原子的特性来反映宏观物质性质的目的，此函数称为基函数，在量子力学的计算软件中称为基组。分子轨道是原子轨道的线性组合。原子轨道中的电子态势具有球对称性，但是能级相近的原子轨道组合成分子轨道时，形成的分子中电子态是非球对称性的。在计算机模拟时，通过使组合的原子轨道电子态的球对称性降低来达到使分子轨道变形出来的特性更接近实际物质的目的，会在原来原子轨道的基础上加上一个或多个相邻的基函数，称为极化。

DMol3 是第一个商业化的密度泛函程序。它计算的基础是数值轨道基组。DMol3能够处理周期性和非周期性的结构，能够得到紫外可见光谱、电子结构，也能完成反应的过渡态以及中间态的搜索和结构的优化计算。可用于计算体系的 Mulliken 布局、Hirshfeld 布局、ESP 电荷、键级、电极矩，以及反应生成热、自由能、熵、焓以及热容的计算。DMol3 包含有 5 个基组，分别为 Min、DN、DND、DNP 和 TNP 基组。DMol3 基组名称及应用举例见表 3－1。通过优化计算和模型考核，在科学的计算时间和精确的计算结果的基础上，采用 DNP 基组对催化剂及催化剂吸附体系进行优化和性质计算。

表 3－1　　　　　　　　　　DMol3 基组名称及应用举例

基组名称	特　点	适　用　举　例
Min	最小基组	H：1s C：1s 2s 2p Si：1s 2s 2p 3s 3p
DN	在最小基组上加上第二套价带轨道	H：1s 1s$'$ C：1s 2s 2p 2s$'$ 2p$'$ Si：1s 2s 2p 3s 3p 3s$'$ 3p$'$
DND	在 DN 基组上为不是 H 的原子加上 d 函数	H：1s 1s$'$ C：1s 2s 2p 2s$'$ 2p$'$ 3D Si：1s 2s 2p 3s 3p 3s$'$ 3p$'$ 3D

基组名称	特　点	适　用　举　例
DNP	在 DND 基组上为 H 原子加上 p 函数	H：1s　1s′　1p C：1s　2s　2p　2s′　2p′　3D Si：1s　2s　2p　3s　3p　3s′　3p′　3D
TNP	对全部的原子都 加上极化函数	H：1s　1s′　2p　1s″　2p′　3d O：1s　2s　2p　2s′　2p′　3d　2s″　2p″　3p　4d S：1s　2s　2p　2s′　2p′　3s　3p　3s′　3p′　3d　3s″ 　　3p″　3d′　4d

3.2　NH$_3$ 在催化剂表面吸附机理研究

3.2.1　物理模型

催化剂模型化学式为 V$_4$O$_{10}$，空间群为 Pmmn，晶格常数为 a＝11.544Å，b＝3.571Å，c＝4.383Å，α＝β＝γ＝90°。其晶胞结构中含有 8 个 V 原子和 20 个 O 原子。顶角处的 O 原子可以同时被 4 个晶胞共用，桥接两个 V 的 O 原子也可以被 4 个晶胞共用，再加上 Top 位的 8 个 O 原子，因此实际的氧原子数为 1＋1＋8 共 10 个。另外，每个 V 原子都可以被 2 个晶胞共用，故实际的钒原子有 4 个。综上所述，计算所使用的催化剂模型中一共含有 14 个原子。

大量实验研究证明，V$_2$O$_5$（001）表面是热力学最为稳定的表面，因此计算模型均采用催化剂 V$_2$O$_5$（001）表面。另外通过分析晶胞结构图发现该晶体中共有 3 种类型的 O 原子，如图 3－1 所示，V$_2$O$_5$（001）面的侧视图和主视图所示上顶位 O1 原子、桥接两个 V 原子的 O2 原子和连接三个 V 原子的 O3 原子。其中，V—O1 的键长为 1.583Å。V—O2 的两个键长为 1.781Å。V—O3 的键长为 1.882、1.882 和 2.026Å。

3.2.2　计算方法

采用 DMol3 程序中 GGA－PBE 对催化剂模型进行优化和性质计算。计算时的截取深度为 4.383Å，真空层厚度 10Å。总能量值为 2.0×10^{-5} Ha/atom，每个原子上的力为 0.004Ha/nm，最大公差偏移为 0.005Å。采用 GGA－BLYP 方法对吸附模型进行优化和性质计算。计算过程中使用 DNP 基组，K 值为 2×4×1。

吸附能的计算为吸附质与催化剂表面吸附后的稳定结构的能量与吸附前吸附质和

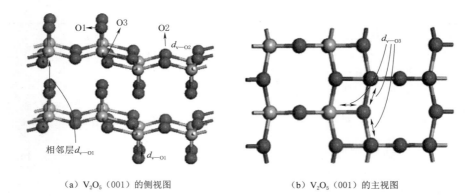

（a）V_2O_5（001）的侧视图　　　　　（b）V_2O_5（001）的主视图

图 3-1　V_2O_5（001）结构模型

底物的能量之差，如式（3-1）。吸附能为负值，说明吸附质和催化剂表面吸附后形成了较为稳定的体系。

$$E_{abs} = E_{spe+sur} - (E_{spe} + E_{sur}) \tag{3-1}$$

式中　E_{abs}——吸附能；

$E_{spe+sur}$——吸附质与催化剂表面吸附后的稳定结构的能量；

E_{sur}——吸附前吸附质也就是催化剂的能量；

E_{spe}——吸附前吸附质的能量。

3.2.3　模型考核

首先进行能带结构计算，得出 V_2O_5 的能带结构。然后由其数据分析得出其导带最低点和价带的最高的不在一个 K 状态，即其为间接带隙物质。且直接带隙为 1.92eV，间接带隙为 2.50eV。兰州大学周波等的计算结果为 2.30eV，Moshfegh 等基于光反射实验得到的带隙为 2.38eV。可以看出实验值与计算误差为 5%，在允许的误差范围内。

NH_3 分子空间构型为三角锥形，N 原子上有一对孤对电子，因此在与催化剂表面发生化学反应时常作为路易斯碱，而催化剂表面存在路易斯酸，这也是 SCR 催化剂 V_2O_5 表面的路易斯酸能与其作用的重要原因。但是关于 NH_3 在催化剂表面的吸附机理有两种方式，经过分析，NH_3 与催化剂 V_2O_5 路易斯酸位存在两种吸附模型，即顶位（Top）和桥位（Bridge）。NH_3 在 V_2O_5（001）表面布朗特酸位只有一种吸附模型。

为了证明本方法的可靠性，对研究吸附机理会讨论的 H_2O、NH_3 小分子进行了优化。优化和实验计算得到的键长和键角见表 3-2。计算得到的结构参数与实验值具有良好的一致性，说明使用本方法具有一定的可靠性。

表 3 - 2　　　　　　　　优化和实验计算得到的小分子键长键角值

分子	键长（Å）、键角（°）	计算值	实验值
H₂O	$d_{H—O}$	0.973	0.958
	∠H—O—H	103.7	104.5
NH₃	d_{N-H}	1.024	1.024
	∠H—N—H	105.5	106.7

3.2.4　NH₃ 在催化剂表面的吸附特性分析

1. NH₃ 在路易斯酸位的吸附特性

比较了 NH₃ 在一层和两层 V₂O₅（001）表面吸附前后的性质差别，建立了 NH₃ 在 V₂O₅（001）表面路易斯酸顶位的吸附模型，如图 3 - 2 所示。

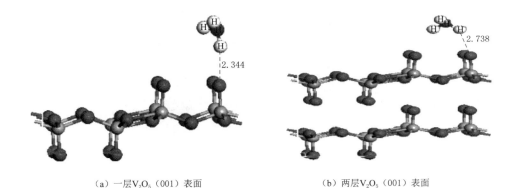

　　（a）一层V₂O₅（001）表面　　　　　　　　（b）两层V₂O₅（001）表面

图 3 - 2　NH₃ 在 V₂O₅（001）表面路易斯酸顶位的吸附模型

吸附前后 NH₃ 的 Mulliken 电荷以及吸附性质见表 3 - 3。由表 3 - 3 可知，NH₃ 在一层和两层 V₂O₅（001）表面吸附后，Mulliken 电荷及吸附能的值都较为接近；另外，由图 3 - 2 可知，催化剂表面 O1 和 NH₃ 的距离分别为 2.344Å 和 2.738Å，相差较小。且吸附后 H—N—H 的二面角分别为 109.628°和 109.867°，基本一致。综上所述，层数对 NH₃ 在催化剂表面的吸附行为影响不大，两种模型都能较好地说明吸附作用机理，但是考虑到吸附机理的研究需要一个超胞的表面才与宏观体系更接近，且两层模型更能说明层与层之间的关系。因此，后续计算都采用催化剂的两层模型。

NH₃ 分子在催化剂表面的吸附模型如图 3 - 3 所示，图 3 - 3（a）和图 3 - 3（b）分别为 NH₃ 在 V₂O₅（001）表面路易斯酸位的顶位和桥位的吸附模型。

NH₃ 在 V₂O₅（001）表面顶（T）位和桥（B）位吸附前后的电荷分布见表 3 - 4。电中性的 NH₃ 分子吸附后分别带 0.896 和 0.931 单位的正电荷。NH₃ 在 V₂O₅（001）表面发生了化学吸附，NH₃ 分子被活化。电子由 NH₃ 分子转移到了催化剂表面上，

表 3-3　　　　　　吸附前后 NH₃ 的 Mulliken 电荷、键角及吸附能

项　　目		吸附前	吸附后（1层）	吸附后（2层）
Mulliken 电荷/au	NH₃—N	−0.412	−0.435	−0.420
	NH₃—H1	0.137	0.184	0.187
	NH₃—H2	0.137	0.211	0.205
	NH₃—H3	0.137	0.181	0.207
	NH₃—NH₃	0	0.141	0.179
键角 d_{H-N-H}/(°)		—	109.628	109.867
吸附能 E_{ads}/Ha		—	−0.008	−0.010

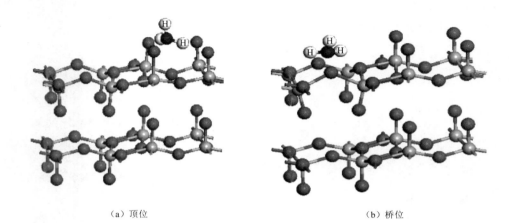

（a）顶位　　　　　　　　　　　　　　　　（b）桥位

图 3-3　NH₃ 分子在催化剂表面的吸附模型

表 3-4　　NH₃ 在 V_2O_5 表面路易斯酸位吸附平衡时的 Mulliken 电荷布局　　　　单位：au

类　　别	吸附前	吸　附　后	
		顶位	桥位
q_N	−0.412	−0.036	−0.016
q_{H1}	0.137	0.331	0.278
q_{H2}	0.137	0.330	0.335
q_{H3}	0.137	0.271	0.334
q_{NH3}	0	0.896	0.931

N 原子上的负电荷由吸附前的−0.412au 分别变为−0.036au（顶位）和−0.016e（桥位），其失去电子。另外分析吸附后顶位的模型发现，NH₃ 分子中的 N—H 键长由原来的 1.023Å 分别变为 1.03Å、1.061Å、1.068Å；分析吸附后 Bridge（B）的模型发现，NH₃ 分子中 N—H 键长由原来的 1.023Å 分别变为 1.03Å、1.058Å、1.058Å，两

种吸附模型中 NH₃ 分子的键长都有不同程度的变长，可知 NH₃ 分子在催化剂表面被活化。综上分析可知 NH₃ 分子以共价态吸附在催化剂表面。此处的模拟结果与孙德奎等通过程序升温脱附实验得到的 NH₃ 在催化剂表面的路易斯酸上以共价态的形式吸附结论相吻合。

以上电荷变化说明 NH₃ 分子和催化剂表面的 O 原子之间发生了电子重组，属于化学反应。但是其成键情况尚不清楚，借助态密度可以分析出成键的轨道，进一步探究 NH₃ 与 V₂O₅（001）表面的相互作用机理。路易斯酸位吸附前后 O 及 N 原子的态密度图如图 3-4 所示。通过分析图 3-4（a）可以看出，吸附前后在费米能级处 O 原子的 p 轨道有一定程度的偏移，这是由于催化剂表面与 NH₃ 分子之间有电子转移，使与其接触的 O 原子周围的电子结构发生变化所致。在 0.40Ha 附近有较强的峰，该峰与 N 原子的态密度分布相似，且吸附后 O 原子 2p 轨道的态密度明显降低，说明 O 原子的 2p 轨道和 N 原子的 2p 轨道参与成键。综上所述，Top 位的 NH₃ 分子上的 N 原子的 2p 轨道和 O 原子的 2p 轨道杂化成键。类似地，通过分析图 3-4（b）发现吸附后在费米能级处 O 原子的 p 轨道也有一定程度的偏移，这同样也是由于催化剂表面与 NH₃ 分子之间也存在电子转移，使与其接触的 O 原子周围的电子结构发生变化所致。O 原子的 2p 轨道在 0.45Ha 附近有较强的峰，该峰与 N 原子的态密度分布相似，且吸附后 O 原子 2p 轨道的态密度明显降低。综上桥位吸附的 NH₃ 分子中的 N 原子的 2p 轨道和 O 原子的 2p 轨道杂化成键。通过分析可知 NH₃ 与 V₂O₅(001) 表面路易斯酸位的顶（T）位和桥（B）位均发生吸附作用，NH₃ 分子被活化且与催化剂表面发生电子转移，与电荷分布变化和键长变化的分析结果一致，均表明为化学吸附。还可以看出，吸附后顶（T）位态密度降低的程度高于桥（B）位，由此推测 NH₃ 与 V₂O₅(001) 表面顶（T）位吸附作用相对较强，该吸附为非均匀吸附。

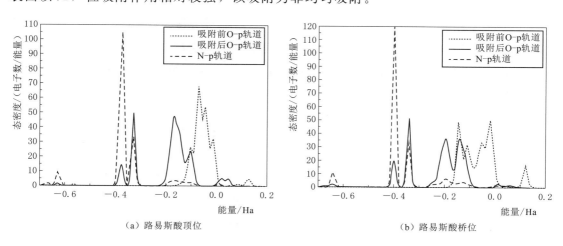

（a）路易斯酸顶位   （b）路易斯酸桥位

图 3-4   路易斯酸位吸附前后 O 及 N 原子的态密度图

2. NH₃ 在布朗特酸位的吸附特性

关于 NH_3 在催化剂表面的吸附机理有两种方式：一种认为 NH_3 以共价态吸附在催化剂表面的路易斯酸位上；另一种认为其以 NH_4^+ 的形态吸附在催化剂表面的布朗特酸位上。

NO 和 NH_3 在 $V_2O_5(001)$ 表面布朗特酸位的吸附作用的反应路线如图 3-5 所示。从其反应路线可以看出，NO 和 NH_3 在 $V_2O_5(001)$ 表面布朗特酸位的吸附作用包括以下主要步骤：

（1）催化剂表面布朗特酸位的形成。

（2）还原性气体 NH_3 首先吸附在催化剂的布朗特酸位，吸附形态为 NH_4^+。

（3）烟气中的 NO 与 NH_4^+ 作用形成 NH_2NO，有文献称其为反应中间体。

（4）$V\!=\!\!O$ 被还原为 $V\!-\!O\!-\!H$。

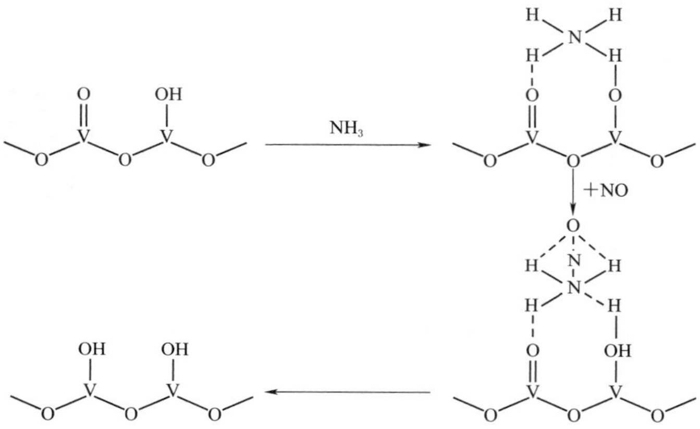

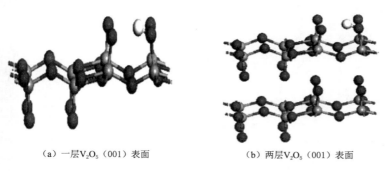

图 3-5　NO 和 NH_3 在 $V_2O_5(001)$ 表面布朗特酸位的吸附作用的反应路线

第 2 章讨论了 NH_3 在一层和两层 $V_2O_5(001)$ 表面路易斯酸位的吸附机理，本节将对 NH_3 在 $V_2O_5(001)$ 表面布朗特酸位的吸附机理进行研究。对含有 $V\!-\!OH$ 基的 $V_2O_5(001)$ 表面的一层模型和两层模型进行优化计算，可得优化后的模型如图 3-6 所示。

（a）一层 V_2O_5（001）表面　　　　　（b）两层 V_2O_5（001）表面

图 3-6　NH_3 在 V_2O_5 （001）表面布朗特酸位的吸附模型

含有 V—OH 基的 V₂O₅(001) 表面 O—H 键的键长和所带电荷见表 3-5。由表 3-5 分析可知，对于含有 V—OH 基的 V₂O₅(001) 表面优化后，一层和两层 V₂O₅(001) 模型中 O—H 键的键长以及 O 原子和 H 原子所带电荷都很接近。说明一层和两层模型都能较好地反映催化剂表面的布朗特酸位的化学性质，但是考虑到两层模型更能表明层与层之间的关系以及所选层数的可靠性，因此用两层模型进一步来研究 NH₃ 的吸附机理。NH₃ 在两层 V₂O₅(001) 表面布朗特酸位的吸附平衡时的模型如图 3-7 所示。

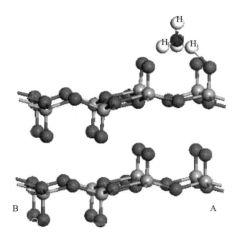

图 3-7　NH₃ 在两层 V₂O₅ (001) 表面布朗特酸位上吸附平衡时的模型

进一步计算分析了 NH₃ 在 $2 \times 2 \times 1$ 的 V₂O₅(001) 表面布朗特酸位上吸附平衡时的 Mulliken 电荷布局，见表 3-6。通过分析其 Mulliken 电荷布局值可知，NH₃ 分子中 N 原子上电荷由吸附前的 -0.412au 变为吸附后的 -0.303au，负电荷数减少说明电子转移到了其他原子上。V—O—H 上的 H 原子的电荷数由吸附前的 0.325au 变为 0.305au，电荷数减少说明其得到了电子，由此推测可能是 N 原子的电子转移到了 H 原子上。

表 3-5　含有 V—OH 基的 V₂O₅(001) 表面 O—H 键的键长和所带电荷

参　数	原　子	一层模型	两层模型
电荷 q_{OH}/au	O	-0.654	-0.655
	H	0.329	0.325
键长 (O—H)/Å		0.996	0.995

表 3-6　NH₃ 在 V₂O₅ 的布朗特酸位上吸附平衡时的 Mulliken 电荷布局　　单位：au

名　称	原　子	吸附前	吸附后
NH₃	N	-0.412	-0.303
	H1	0.137	0.303
	H2	0.137	0.246
	H3	0.137	0.302
	NH₃	0	0.548
	O	-0.655	-0.660
	H	0.325	0.305

为了进一步证实这一推测，研究了吸附后的反应路径，重点分析了吸附后活性位的键长变化。NH_3 在两层 $V_2O_5(001)$ 表面布朗特酸位的吸附反应路径如图 3-8 所示。从图 3-8 可以看出吸附体系平衡前后的性质发生了较大变化。吸附优化后 O—H 的键长由原来的 0.995Å 变为 1.749Å，O—H 键长明显增加。V—O 键的键长由 1.754Å 变为 1.634Å，说明 V 和 O 原子之间的作用变强；另外，H(O)—N 键的键长为 1.05Å 与 NH_3 分子的计算值 1.02Å 很接近，因此推测催化剂表面布朗特酸位的 H 原子会和 NH_3 分子发生作用。又由电荷布局的分析可知，NH_3 由吸附前的电中性分子变为带正电的阳离子。说明 H 倾向于和 NH_3 行成 NH_4^+。综上分析，可知 NH_3 在 $V_2O_5(001)$ 表面布朗特酸以 NH_4^+ 的形式吸附。

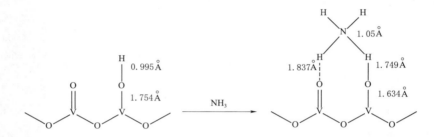

图 3-8 NH_3 在两层 $V_2O_5(001)$ 表面布朗特酸位的吸附反应路径

电荷变化说明 NH_3 分子和催化剂表面的布朗特酸位的 H 原子之间发生了电子重组，属于化学反应。但是其成键情况尚不清楚，借助态密度可以分析出成键的轨道，进一步探究 NH_3 与 $V_2O_5(001)$ 表面的相互作用机理。为了进一步了解 NH_3 与 $V_2O_5(001)$ 表面布朗特酸的相互作用情况，分析吸附前后 $V_2O_5(001)$ 表面布朗特酸和 NH_3 分子的态密度图，吸附前后 $V_2O_5(001)$ 表面布朗特酸上的 H 原子和吸附分子中的 N 原子的态密度图如图 3-9 所示。

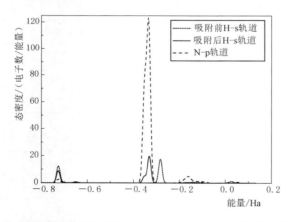

图 3-9 吸附前后 $V_2O_5(001)$ 表面布朗特酸上的 H 原子和吸附分子中的 N 原子的态密度

通过分析发现吸附后在 $-0.44 \sim -0.3$Ha 处，吸附作用后 H 原子的 s 轨道和 N 原子 p 轨道的态密度能够很好地重叠，说明衬底上的 H 原子与吸附分子 NH_3 发生了较强的相互作用，形成了化学键，即形成 NH_4^+。

3.3　催化剂失活机理研究

上文已经对 NH_3 在 $V_2O_5(001)$ 表面的吸附作用进行了描述。可以看出 NH_3 分子在 SCR 催化剂表面的吸附是脱硝反应的核心，是整个反应进行的前提和基础，但是烟气中含有较多的碱金属、重金属等有毒物质会影响布朗特酸的形成从而使催化剂失活。研究催化剂的失活机理，是制备长寿命、高效率的催化剂的重要前提。

大量研究人员对钒基催化剂进行了研究，但没有系统地研究具体的有毒物质与催化剂的布朗特酸作用机理以及催化剂表面中毒前后的一些分子层面的微观表现。本节主要研究碱金属 K、碱金属氯化物 KCl 和重金属铅（Pb）在催化剂表面的吸附机理，首先建立合适的模型，然后利用 DFT 中的 GGA-BLYP 方法，使用 DNP 基组，K 值设为 $2\times4\times1$，最后对模型进行优化和性质计算，研究了催化剂表面的失活机理。

3.3.1　碱金属 K 及其氯化物与催化剂表面作用机理

1. 模型建立

烟气中含有较多的碱金属及其化合物易使催化剂失活，SCR 催化剂的碱金属元素 K 失活过程如图 3-10 所示。优化后 K 和 KCl 与 $V_2O_5(001)$ 催化剂作用模型如图 3-11 所示。由碱金属 K 使催化剂表面失活的过程可以推测，K 会与催化剂表面的布朗特酸位发生化学作用，影响还原性气体 NH_3 在催化剂表面的吸附，从而影响催化剂的脱硝效率。

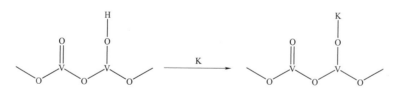

图 3-10　碱金属 K 使催化剂表面失活的过程

2. 作用机理分析

为了进一步了解 K 和 KCl 在 $V_2O_5(001)$ 表面的吸附特性，计算吸附前后的吸附能及键长变化以及 Mulliken 电荷数和 Hirshfeld 电荷数。K 和 KCl 在 $V_2O_5(001)$ 表面吸附的吸附能和键长变化见表 3-7，可知吸附后 K=O 键长分别为 2.90Å 和 2.95Å，与 K—O 的实验键长 2.69Å 接近；H—Cl 键长为 1.313Å，与实验键长 1.29Å 也较为接近；且吸附后的吸附能分别为 $-0.0985Ha$、$-0.170Ha$，较 NH_3 分子与催化剂的吸附能 $-0.063Ha$ 更负，说明其吸附后的吸附体系更加稳定。由此推测，K 和 KCl 在 $V_2O_5(001)$ 表面形成化学吸附，且与 NH_3 分子产生竞争吸附作用。

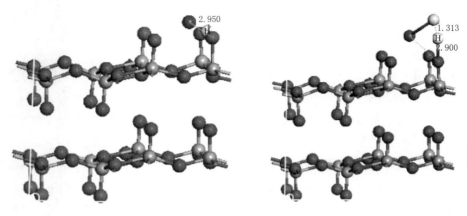

（a）K 与 V₂O₅（001）表面 　　　　　　　（b）KCl 与 V₂O₅（001）表面

图 3-11　优化后 K 和 KCl 与 V₂O₅（001）催化剂作用模型

表 3-7　　　　　　　　K 和 KCl 在 V₂O₅（001）表面的吸附能和键长

吸附质	吸附能/Ha	R(K—O)/Å	R（O—H）/Å	R（H—Cl）/Å
K	−0.0985	2.950	0.990	—
KCl	−0.170	2.900	—	1.313

不同形态 K 在 V₂O₅（001）表面的 Mulliken 和 Hirshfiled 分析见表 3-8，从表中可以看出 Mulliken 电荷值和 Hirshfeld 电荷值的计算值不尽相同，但其变化趋势都为有碱金属 K 与催化剂作用时电荷变化较大。

表 3-8　　　不同形态 K 在 V₂O₅（001）表面的 Mulliken 和 Hirshfiled 分析

项目	Mulliken 分析		Hirshfiled 分析	
	V₂O₅ - K	V₂O₅ - KCl	V₂O₅ - K	V₂O₅ - KCl
K	0.890	0.885	0.579	0.511
KCl		−0.316		−0.689

综上所述，说明碱金属 K 上的电子转移到了 V—O 键的 O 原子上，即 K 原子与 O 原子成键。另外，也研究了 K 吸附前后 V—O 键的键长，发现 V—O 键的键长从吸附前的 1.754Å 变为吸附后的 1.815Å，说明催化剂表面 V—O 键的作用变弱。研究作用前后催化剂表面 V 原子上的 Mulliken 电荷发现，与 K 作用后 V 上的 Mulliken 电荷由 1.621au 降为 1.591au。钒原子上的电荷减少则其不容易与烟气中的 H₂O 发生作用，H₂O 在催化剂表面水解形成布朗特酸位的能力减弱。因此，K 和 KCl 与 V₂O₅（001）催化剂表面发生化学吸附作用，其与 NH₃ 产生竞争吸附从而使催化剂失活。

由 3.2 节可知，NH₃ 在 V₂O₅ 表面布朗特酸的吸附反应是 SCR 脱硝反应的核心，而烟气中的碱金属会与催化剂表面的 V 物种发生化学反应使催化剂表面形成布朗特酸的能力下降，从而影响了脱硝反应的关键步骤，使催化剂的活性降低。

3.3.2 重金属铅与催化剂表面的作用机理

1. 模型建立

铅是火电厂和垃圾焚烧厂烟气中的重要物质也是 SCR 催化剂失活又一罪魁祸首。本节以重金属铅为例，建立了铅（Pb）与 V_2O_5（001）催化剂作用模型，利用 GGA - BLYP 对其模型进行了优化和性质计算。铅（Pb）与 V_2O_5（001）催化剂作用优化模型如图 3 - 12 所示。

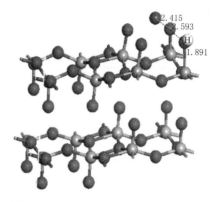

2. 作用机理分析

为了进一步探究铅（Pb）在催化剂 V_2O_5（001）表面的吸附特性，需要计算吸附体系的吸附能及催化剂表面的键长变化和原子的 Mulliken 电荷数。Pb 在 V_2O_5（001）表面吸附前后的性质变化见表 3 -

图 3 - 12   铅（Pb）与 V_2O_5（001）催化剂作用优化模型

9。由优化后模型上的位置关系和计算得到的吸附能可知，Pb 在催化剂表面形成了稳定的吸附结构，其吸附能 -0.136Ha 较 K 和 KCl 的吸附能更负，说明其吸附作用更强。Pb 的作用也使催化剂表面的 V—O 键长由吸附前的 1.754Å 变为 1.891Å，减弱了催化剂表面 V 原子和 O 原子之间的相互作用。Pb 和催化剂表面的 O 原子的距离分别为 2.593Å 和 2.415Å。另外，计算 Pb 和催化剂表面的相邻原子之间的 Mulliken 电荷分布可知，吸附后 Pb 原子由原来的不带电荷变为带 1.030 单位的正电荷，催化剂表面 O 原子的电荷由吸附前的 -0.655au 变为吸附后的 -0.698au（负电荷），Pb 原子的部分电子转移到了催化剂表面的 O 原子上，这意味着 Pb 和邻近的 O 原子之间会发生共价键作用。Pb 原子和 O 原子的电荷改变说明 Pb 与催化剂表面的 O 原子之间发生了电子重组，结果会影响催化剂表面的性质。通过研究作用前后 V 原子上的 Mulliken 电荷发现，与 Pb 作用后 V 上的 Mulliken 电荷由 1.621au 降为 1.600au。钒原子上的电荷越多则其越容易与烟气中的 H_2O 发生作用，使 H_2O 水解在催化剂表面形成布朗特酸，反之则会使催化剂表面的水解能力下降，抑制了布朗特酸的形成，从而降低了脱硝性能。

表 3 - 9   **Pb 在 V_2O_5（001）表面吸附前后的性质变化**

项 目	吸附前	吸附后
V—O 键长/Å	1.754	1.891
Pb—O 键长/Å	—	2.593/2.415

项　　目	吸附前	吸附后
铅原子电荷/au	0.682	1.030
氧原子电荷/au	−0.655	−0.698
钒原子电荷/au	1.621	1.600
吸附能/Ha	−0.136	

3.4　高效催化剂的分子设计

高效催化剂设计的思路为：首先对几种氧化物催化剂进行优化计算得到其催化过程中起主要作用的电子最低占有轨道（lowest unoccupied molecular orbital，LUMO）的组成及能量值，利用其与常用 V_2O_5 的性质比较设计出可使 V_2O_5 催化活性增强的新型催化剂：一类是催化剂的活性位 V 原子被取代的催化剂模型，如 W@V – V_2O_5、Mo@V – V_2O_5、Nb@V – V_2O_5 等；另外一类是催化剂活性位的邻位的 V 原子被取代的催化剂模型，如 W@邻 V – V_2O_5、Mo@邻 V – V_2O_5 和 Nb@邻 V – V_2O_5 的催化剂。对建立的新型催化剂模型采用密度泛函理论中的 GGA – BLYP 算法进行优化和性质计算，进而建立 NH_3 与新型催化剂的吸附体系，通过分析几何性质和原子电荷分布以及计算得到的吸附体系的吸附能、吸附前后的 Mulliken 电荷布局和吸附体系的态密度，得到了高效的催化剂。

3.4.1　基于前线轨道理论的催化剂分子设计

基态分子之间的化学反应是通过电子最高占有轨道（highest unoccupied molecular orbital，HUMO）有效重叠发生的，这两个轨道即为前线轨道。化学反应发生的实质就是 HOMO 和 LUMO 之间的电子转移。

LUMO 的能量可表征分子吸引共用电子对的能力，是表征分子酸性的有效指标。LUMO 能量越低表示分子的酸性越强。因为 SCR 催化剂所用的还原性气体 NH_3 分子中的 N 原子上有孤对电子，所以 NH_3 会作为亲核试剂进攻催化剂表面的酸性位。催化剂氧化物酸性的大小，是表征 SCR 催化剂脱硝能力的一个指标。本节研究了一系列氧化物的酸性即 LUMO。V、W、Mo、Al、Zr、Nb 的氧化物分子构型及其 LUMO 分布情况见表 3 – 10。由表 3 – 10 可知，LUMO 主要成分是中心金属原子 d 轨道以及 O 原子的 p 轨道。LUMO 的能量越低，说明其越容易接受电子，容易被还原，具有较高的氧化性，即作为 SCR 催化剂的活性组分时极易与 NH_3 分子作用。

表 3 - 10　　V、W、Mo、Al、Zr 和 Nb 的氧化物分子结构和轨道示意图

氧化物分子式	分 子 结 构 式	轨 道 示 意 图
$V^{5+}O_x$		
$Mo^{6+}O_x$		
$W^{6+}O_x$		
$Zr^{4+}O_x$		
$Nb^{5+}O_x$		
$Al^{3+}O_x$		
$V^{4+}O_x - H$		

计算得到的 LUMO 的能量值见表 3-11。从表 3-11 可以看出，W、Nb 和 Mo 的 LUMO 能量分别为 -0.14436Ha、-0.11310Ha、-0.16717Ha，与 V^{5+} 氧化物的 LUMO 能量值 -0.15672Ha 较接近。这些可作为助催化剂，起到增强主催化剂酸性的作用，更易与碱性 NH_3 分子发生作用。而 Al 和 Zr 氧化物的 LUMO 能量值与 V 氧化物的相差较大，且轨道能量较高，还原性较高，若作为助催化剂会使催化剂的主成分被还原，影响催化剂主成分的催化活性，反而影响催化剂的脱硝活性，因此高效催化剂主要采用 W、Nb 和 Mo 等取代纯 V_2O_5 催化剂上的 V 原子来设计。

表 3-11　　　　**V、Mo、W、Al、Zr 氧化物的 LUMO 的能量值**

氧化物	LUMO 能量值/Ha	氧化物	LUMO 能量值/Ha
VO_x	-0.15672	NbO	-0.11310
MoO_x	-0.16717	ZrO_x	-0.09267
WO_x	-0.14436	AlO_x	-0.06803

3.4.2　高效催化剂模型

根据上文分析可知，W、Mo 和 Nb 金属氧化物的 LUMO 轨道能量与 V 氧化物的 LUMO 轨道能量值较接近，可作为助催化剂。但是 W、Nb 和 Mo 等金属在纯的 V_2O_5 催化剂表面的掺杂位置会影响催化剂的活性。基于此原因设计了催化剂活性位 V 原子被取代和活性位的邻位 V 原子被取代的六种高效催化剂模型，高效催化剂的模型及 NH_3 与高效催化剂的吸附模型如图 3-13 所示。

3.4.3　活性位取代模型吸附特性

本节主要对活性位的 V 原子被 W、Mo 和 Nb 等金属原子取代后的催化剂模型以及与 NH_3 的吸附模型进行模型优化和性质计算，得到吸附体系的吸附能和催化剂表面原子的电荷布局和键长变化的性质。

1. 吸附能及键长变化分析

本节计算分析了 NH_3 在 W@V-V_2O_5、Mo@V-V_2O_5 和 Nb@V-V_2O_5 催化剂表面吸附后的吸附能、O—H 键的键长以及活性位原子与 O 原子的键长。NH_3 在 V_2O_5、W@V-V_2O_5、Mo@V-V_2O_5 和 Nb@V-V_2O_5 表面的吸附性质见表 3-12。由表 3-12 可知，NH_3 在 W@V-V_2O_5、Mo@V-V_2O_5 表面吸附后的吸附能分别为 -0.078Ha 和 -0.079Ha，比纯的 V_2O_5 体系更负；W@V-V_2O_5、Mo@V-V_2O_5 催化剂表面 O—H 的键长为 1.007Å 和 0.997Å，也较纯的 V_2O_5 体系 0.995Å 变化得更多；且活性位原子与 O 的键长 2.039Å 和 2.007Å 也较 1.634Å 变化得多。由以上分析可知，NH_3 在 W@V-V_2O_5、Mo@V-V_2O_5 和 Nb@V-V_2O_5 催化剂表面的吸附体

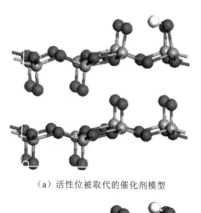

（a）活性位被取代的催化剂模型　　　　（b）活性位被取代催化剂的吸附模型

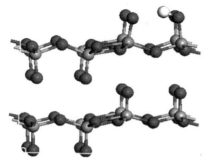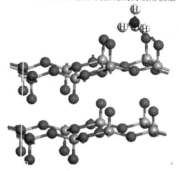

（c）邻位被取代的催化剂模型　　　　（d）邻位被取代催化剂的吸附模型

图 3-13　高效催化剂的模型及 NH_3 与高效催化剂的吸附模型

系更为稳定，且催化剂表面的活性更大，由此推测 W 和 Mo 取代活性位后催化剂的活性提高。

表 3-12　　　　　NH_3 在 V_2O_5、$W@V-V_2O_5$、$Mo@V-V_2O_5$
和 $Nb@V-V_2O_5$ 表面的吸附性质

催化剂	吸附能/Ha	O—H 键长/Å	活性位原子与 O 的键长/Å
纯 V_2O_5	-0.063	0.995	1.634
$W@V-V_2O_5$	-0.078	1.007	2.039
$Mo@V-V_2O_5$	-0.079	0.997	2.007
$Nb@V-V_2O_5$	-0.054	0.982	1.944

在上文已经分析了吸附体系平衡时 NH_3 分子与催化剂表面 O—H 的 H 原子间的位置关系，指出 H(O)—N 键的键长 1.05Å 与 NH_3 分子键长的计算值 1.02Å 很接近。本节继续分析 NH_3 分子与活性位被取代的 $W@V-V_2O_5$、$Mo@V-V_2O_5$ 和 $Nb@V-V_2O_5$ 催化剂表面的位置关系，如图 3-14 所示。H(O)—N 的键长分别为 1.036Å、1.037Å 和 1.067Å，其中 W 和 Mo 取代体系的键长与 NH_3 分子实际计算键长 1.02Å

更为接近，而 Nb 取代体系键长的误差较大，说明 Nb 取代活性位原子后催化剂的活性没有增强，而 W 和 Mo 取代后催化剂表面布朗特酸的活性更高，与 NH₃ 的吸附作用更强。可以推测出活性位被 W 和 Mo 取代的催化剂可以作为高效催化剂。

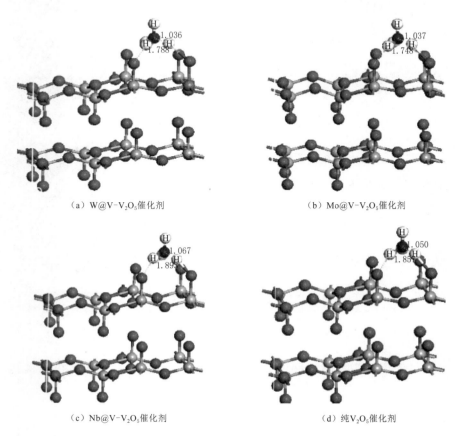

(a) W@V-V₂O₅催化剂 　　　　　　　　　(b) Mo@V-V₂O₅催化剂

(c) Nb@V-V₂O₅催化剂 　　　　　　　　　(d) 纯V₂O₅催化剂

图 3-14　NH₃ 在不同催化剂表面的吸附位置关系

2. Mulliken 电荷布局分析

为进一步研究 NH₃ 在取代后的催化剂表面的吸附性能，对吸附体系进行优化计算，得到吸附前后催化剂表面 O、H 原子以及 NH₃ 分子的电荷布局，见表 3-13。从表中可以看出，吸附前后 V₂O₅ 表面 O 原子的电荷 -0.655au 变为 -0.660au，H 原子的电荷由 0.325au 变为 0.305au；W@V-V₂O₅ 催化剂表面 O 原子的电荷 -0.637au 变为 -0.644au，H 原子的电荷由 0.346au 变为 0.229au；Mo@V-V₂O₅ 催化剂表面 O 原子的电荷 -0.647au 变为 -0.653au，H 原子的电荷由 0.345au 变为 0.297au；Nb@V-V₂O₅ 催化剂表面 O 原子的电荷 -0.648au 变为 -0.656au，H 原子的电荷由 0.309au 变为 0.320au。综上所述，W@V-V₂O₅ 和 Mo@V-V₂O₅ 取代体系中 O 原子和 H 原子均得到了电子，而使负电荷数增多。并且，金属原子取代后吸附体系中的

NH_3 由吸附前的电中性分子分别变为带 0.555 单位和 0.554 单位正电荷的阳离子。说明 NH_3 中 N 原子上的电荷转移到了催化剂表面布朗特酸上，由吸附前后键长性质的变化可知，NH_3 与催化剂表面布朗特酸发生了化学吸附，且活性位 V 原子被取代后的 $W@V-V_2O_5$ 和 $Mo@V-V_2O_5$ 体系的吸附性能和活化性能均有所提高，$Nb@V-V_2O_5$ 催化剂表面 NH_3 分子虽然得到了活化，但是吸附性能较弱。因此，催化剂活性位被 W 和 Mo 金属原子取代后的催化剂即为所开发设计的高效催化剂。

表 3-13　吸附前后催化剂表面 O、H 原子及 NH_3 分子的 Mulliken 电荷布局　　单位：au

催化剂	原子	吸附前	吸附后
纯 V_2O_5	O	-0.655	-0.660
	H	0.325	0.305
	N	-0.412	-0.303
	H1	0.137	0.303
	H2	0.137	0.302
	H3	0.137	0.246
	NH_3	0	0.548
$W@V-V_2O_5$	O	-0.637	-0.644
	H	0.346	0.229
	N	-0.412	-0.305
	H1	0.137	0.311
	H2	0.137	0.301
	H3	0.137	0.248
	NH_3	0	0.555
$Mo@V-V_2O_5$	O	-0.647	-0.653
	H	0.345	0.297
	N	-0.412	-0.309
	H1	0.137	0.309
	H2	0.137	0.307
	H3	0.137	0.247
	NH_3	0	0.554
$Nb@V-V_2O_5$	O	-0.648	-0.656
	H	0.309	0.320
	N	-0.412	-0.313
	H1	0.137	0.294
	H2	0.137	0.245
	H3	0.137	0.295
	NH_3	0	0.521

3.4.4 活性位邻位取代模型吸附特性

上节主要对活性位 V 原子被 M、Mo 和 Nb 金属原子取代后的吸附体系进行优化计算，分析了吸附体系的吸附能以及吸附前后催化剂表面原子的电荷布局和键长变化的性质。本节将对活性位的邻位 V 原子被 M、Mo 和 Nb 金属原子取代后的吸附体系 W@邻 V - V$_2$O$_5$、Mo@邻 V - V$_2$O$_5$ 和 Nb@邻 V - V$_2$O$_5$ 进行优化和性质计算。

1. 吸附能及键长变化分析

本节计算分析了 NH$_3$ 在 W@邻 V - V$_2$O$_5$、Mo@邻 V - V$_2$O$_5$ 和 Nb@邻 V - V$_2$O$_5$ 催化剂表面吸附后的吸附能、O—H 键的键长以及活性位金属原子与 O 原子的键长，结果见表 3 - 14，NH$_3$ 在 W@邻 V - V$_2$O$_5$ 和 Nb@邻 V - V$_2$O$_5$ 催化剂表面吸附后的吸附能分别为－0.070Ha 和－0.067Ha，比纯的 V$_2$O$_5$ 吸附体系更负，说明取代后吸附体系相对更加稳定。Nb@邻 V - V$_2$O$_5$ 体系 O—H 的键长增长为 1.000Å，也较纯的 V$_2$O$_5$ 体系中 O—H 的键长 0.995Å 变化得更多，且活性位金属原子与 O 原子的键长 1.753Å 也较 1.634Å 变化得多。说明 Nb 取代后活性位的活性有所提高，且 NH$_3$ 在取代后的催化剂表面的吸附活性也有所提高。对 W@邻 V - V$_2$O$_5$、Mo@邻 V - V$_2$O$_5$ 吸附体系的综合分析可知，其对还原性气体的活性程度没有纯 V$_2$O$_5$ 催化剂高。

表 3 - 14　　　　　　　　　　NH$_3$ 在催化剂表面的吸附性质变化

催 化 剂	吸附能/Ha	O—H 键长/Å	活性位原子与 O 的键长/Å
纯 V$_2$O$_5$	－0.063	0.995	1.634
W@邻 V - V$_2$O$_5$	－0.070	0.987	1.755
Mo@邻 V - V$_2$O$_5$	－0.062	0.980	1.770
Nb@邻 V - V$_2$O$_5$	－0.067	1.000	1.753

上文已经分析了吸附体系平衡时 NH$_3$ 分子与催化剂表面 O—H 的 H 原子间的位置关系，指出 H(O)—N 键的键长为 1.05Å，与 NH$_3$ 分子键长的计算值 1.02Å 很接近。上节计算分析了 NH$_3$ 分子与活性位被取代的 W@V - V$_2$O$_5$、Mo@V - V$_2$O$_5$ 和 Nb@V - V$_2$O$_5$ 催化剂表面的位置关系，指出当活性位被 W 和 Mo 取代后催化剂表面布朗特酸的活性更高，与 NH$_3$ 的吸附作用更强。W 和 Mo 取代后的活性位被取代可以作为高效催化剂的开发设计的方向。这一节研究分析活性位的邻位被金属取代后吸附体系的位置关系。NH$_3$ 在 W@邻 V - V$_2$O$_5$、Mo@邻 V - V$_2$O$_5$ 和 Nb@邻 V - V$_2$O$_5$ 表面的吸附模型如图 3 - 15 所示。由图中吸附体系的位置关系可知，W@邻 V - V$_2$O$_5$、Mo@邻 V - V$_2$O$_5$ 和 Nb@邻 V - V$_2$O$_5$ 催化剂吸附体系中 H(O)—N 的键长分别为 1.049Å、1.053Å 和 1.043Å，与 NH$_3$ 分子的计算键长 1.02Å 误差均较小，Nb@邻 V - V$_2$O$_5$ 催化剂误差最小。

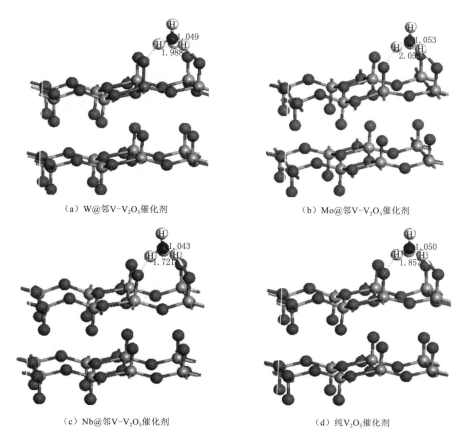

（a）W@邻V-V₂O₅催化剂   （b）Mo@邻V-V₂O₅催化剂

（c）Nb@邻V-V₂O₅催化剂   （d）纯V₂O₅催化剂

图 3-15   NH₃ 在不同催化剂表面的吸附模型

2. Mulliken 电荷布局分析

为进一步研究 NH₃ 在活性位的邻位 V 原子被取代后的催化剂表面的吸附性能，对其吸附体系进行了优化计算，得到了吸附前后催化剂表面 O、H 原子以及 NH₃ 分子的 Mulliken 电荷布局值，见表 3-15。从表中可以看出，吸附后 V₂O₅ 表面 O 原子的电荷由−0.655au 变为−0.660au，H 原子的电荷由 0.325au 变为 0.305au；W@邻 V-V₂O₅ 催化剂表面 O 原子的电荷由−0.642au 变为−0.644au，H 原子的电荷由 0.315au 变为 0.302au；Mo@邻 V-V₂O₅ 催化剂表面 O 原子的电荷由−0.649au 变为 −0.652au，H 原子的电荷由 0.296au 变为 0.308au；Nb@邻 V-V₂O₅ 催化剂表面 O 原子的电荷−0.649au 变为−0.655au，H 原子的电荷由 0.334au 变为 0.290au。综上，W@邻 V-V₂O₅ 和 Nb@邻 V-V₂O₅ 取代体系中 O 原子和 H 原子均得到了电子，而使正电荷数减少。另外，金属原子取代后吸附体系中的 NH₃ 分子的带电性质由吸附前的电中性分子分别变为带 0.550 单位和 0.555 单位正电荷的阳离子，说明 NH₃ 中 N 原子上的电荷转移到了催化剂表面布朗特酸上。NH₃ 与催化剂表面的布朗特酸发生了化学吸附，且活性位 V 原子被取代后的 W@邻 V - V$_2$O$_5$ 和 Nb@邻 V - V$_2$O$_5$ 体系的吸附能更负、活性位与 O 的键长也更长，而 Mo@邻 V - V$_2$O$_5$ 催化剂体系表面 NH$_3$ 分子虽然得到了活化，但是吸附性能较弱。因此，催化剂活性位的邻位 V 原子被 W 和 Nb 金属原子取代后的催化剂即为所开发设计的高效催化剂。

表 3 - 15 吸附前后催化剂表面 O、H 原子及 NH$_3$ 分子的 Mulliken 电荷布局　　单位：au

催 化 剂		吸附前	吸附后
纯 V$_2$O$_5$	O	−0.655	−0.660
	H	0.325	0.305
	N	−0.412	−0.303
	H1	0.137	0.303
	H2	0.137	0.302
	H3	0.137	0.246
	NH$_3$	0	0.548
W@邻 V - V$_2$O$_5$	O	−0.642	−0.644
	H	0.315	0.302
	N	−0.412	−0.309
	H1	0.137	0.300
	H2	0.137	0.248
	H3	0.137	0.311
	NH$_3$	0	0.550
Mo@邻 V - V$_2$O$_5$	O	−0.649	−0.652
	H	0.296	0.308
	N	−0.412	−0.309
	H1	0.137	0.309
	H2	0.137	0.295
	H3	0.137	0.248
	NH$_3$	0	0.543
Nb@邻 V - V$_2$O$_5$	O	−0.649	−0.655
	H	0.334	0.290
	N	−0.412	−0.303
	H1	0.137	0.315
	H2	0.137	0.245
	H3	0.137	0.298
	NH$_3$	0	0.555

第 4 章

烟气 SCR 脱硝过程的反应机理研究

SCR 选择性催化还原技术是在催化剂作用下在尾气中喷入尿素液，把其中的 NO_x 还原成 N_2 和 H_2O。其主要化学反应有两个：①标准 SCR 反应（$4NO+4NH_3+O_2 \longrightarrow 4N_2+6H_2O$），是利用氧气和氨气来去除一氧化氮的化学反应；②快速 SCR 反应（$2NO+4NH_3+2NO_2 \longrightarrow 4N_2+6H_2O$），是利用二氧化氮和氨气来去除一氧化氮的化学反应。

研究表明，快速 SCR 反应可以在较低温度下进行，并且在较低温度下反应速率是标准 SCR 反应的 17 倍。提高 NO_x 中 NO_2 的比例可以使 SCR 在较低温度下发生快速 SCR 反应。本章对标准 SCR 和快速 SCR 反应的反应机理进行详细研究。

4.1 标准 SCR 反应过程的反应机理

4.1.1 反应动力学基础

研究反应分子间的反应机理和反应速率的化学反应动力学称为本征动力学，反应速率方程研究的是浓度、温度、介质和催化剂等反应条件与反应速率的之间的定量关系。

动力学模型基本上分为三类，分别是基元反应模型、分子反应模型、经验模型。阿伦尼乌斯公式（Arrhenius equation）是表示化学反应速率常数随温度变化关系的式子，写为

$$k=A\mathrm{e}^{-Ea/RT} \quad \text{（指数形式）} \qquad (4-1)$$

式中　k——速率常数，

R——摩尔气体常量；

T——热力学温度；

Ea——表观活化能；

A——指前因子。

当然在不同的应用状况下，这个公式是可以进行修正的。

4.1.2　多相催化反应基础

催化剂与反应物处在不同相态时的催化反应称为多相催化反应。反应历程包括反应物在催化剂活性位上的吸附，吸附中间物的转化（也就是表面反应）和产物脱附三个连续步骤。本节所研究的 SCR 反应是气固相催化反应，属于多相催化反应。

目前 SCR 技术应用广泛，其技术核心是 SCR 反应，因此催化剂的影响也至关重要。在不同的使用温度下对应的催化机理也不同，温度分割线是 200℃，SCR 反应机理有两种模型。

1. E-R 机理

NH_3 还原剂吸附在活性中心位上和在非相邻活性位上吸附的 NO 发生反应。目前大部分研究认为在反应温度大于 200℃时，E-R 机理为主要的反应机理。

2. L-H 机理

催化剂相邻的活性位上吸附的 NO 和 NH_3 结合发生反应。在 V_2O_5 催化剂上，E-R 机理如图 4-1 所示。

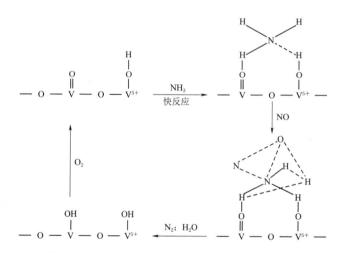

图 4-1　SCR 在钒基催化剂的 E-R 机理图

在 V_2O_5 催化剂上 L-H 机理为

$$M + NH_3 \longrightarrow M-NH_3 \tag{4-2}$$

$$M + NO \longrightarrow M-NO \tag{4-3}$$

$$NH_3 + V_mO_{2.5m} \longrightarrow N_2 + H_2O + V_mO_{\left(2.5-\frac{x}{2}\right)} \tag{4-4}$$

$$M-NO + M-NH_2 \longrightarrow N_2 + H_2O + 2M \tag{4-5}$$

$$M-NH_2 + M-NO + V_mO_{2.5m} \longrightarrow N_2O + H_2O + V_mO_{(2.5m-1)}^{+2m} \tag{4-6}$$

$$\frac{1}{2}O_2 + V_mO_{(2.5m-1)}^{+2m} \longrightarrow V_mO_{2.5m} \tag{4-7}$$

NH_3 作为还原剂的 SCR 催化反应步骤如下：

（1）反应物 NO、NH_3 从气相主体扩散到催化剂表面。

（2）反应物 NO、NH_3 从催化剂外表面扩散进入到催化剂微孔。

（3）反应物 NO、NH_3 吸附在活性位上。

（4）吸附状态反应物发生反应。

（5）产物脱附。

（6）反应完成。

其实发生在烟气 SCR 中的反应较多，但烟气中的 NO_2 含量相对于 NO 相对较少，因此含有 NO_2 的反应就忽略不计，烟气中一般氧气含量充足。因此本章选择了主反应和副反应进行研究，其他反应忽略不计。发生在烟气 SCR 中的反应为

$$4NH_3 + 4NO + O_2 \longrightarrow 4N_2 + 6H_2O \tag{4-8}$$

$$4NH_3 + 6NO \longrightarrow 5N_2 + 6H_2O \tag{4-9}$$

$$4NH_3 + 4NO + 3O_2 \longrightarrow 4N_2O + 6H_2O \tag{4-10}$$

$$2NH_3 + NO + NO_2 \longrightarrow 2N_2 + 3H_2O \tag{4-11}$$

$$4NH_3 + 4NO_2 + O_2 \longrightarrow 4N_2 + 6H_2O \tag{4-12}$$

$$4NH_3 + 3O_2 \longrightarrow 2N_2 + 6H_2O \tag{4-13}$$

$$4NH_3 + 7O_2 \longrightarrow 4NO_2 + 6H_2O \tag{4-14}$$

$$2NH_3 + 2O_2 \longrightarrow N_2O + 3H_2O \tag{4-15}$$

$$4NH_3 + 5O_2 \longrightarrow 4NO + 6H_2O \tag{4-16}$$

其中主反应为式（4-8），副反应为式（4-13）

本节主要根据 SCR 非均相催化反应动力学建立了实际生产中广泛应用的方形催化剂孔道三维模型，分析了催化剂进气温度、进气流速在还原剂 NH_3 氧化副反应存在的情况下对脱硝效率以及氨气逃逸的影响。

4.1.3　数学模型建立

综合来说，火电厂的烟气脱硝数值模拟涉及化学反应、传质、传热。还原剂从反应器旁边的喷射口，再经过格栅与氮氧化物均匀混合，为了研究相关的操作参数对脱硝效率的影响需要建立合适的数学模型。

1. 化学反应过程

在孔道模型中，要考察脱硝效率，主反应的速率方程必不可少。SCR 烟气脱硝反应是气固非均相催化反应。根据目前所发展的反应机理来看，本节根据主导温度选择了 E-R 机理模型，认为 NH_3 先被吸附在催化剂表面，然后再与 NO 分子反应，催化剂采用了应用广泛的 V_2O_5/TiO_2 催化剂，其主要的化学反应为式（4-8）和式（4-13）。

反应速率方程为

$$r_1 = k_1 c_{NO} \frac{ac_{NH_3}}{1 + ac_{NH_3}} \tag{4-17}$$

$$r_2 = k_2 c_{NH_3} \tag{4-18}$$

$$k_1 = A_1 e^{\frac{-E_1}{R_g T}} \tag{4-19}$$

$$k_2 = A_2 e^{-\frac{E_2}{R_g T}} \tag{4-20}$$

$$a = A_0 e^{-\frac{E_0}{R_g T}} \tag{4-21}$$

2. 计算模型与条件

某个使用 V_2O_5/TiO_2 催化剂的 SCR 反应器如图 4-2 所示，反应物氮氧化物和还原剂被送入 SCR 反应器中进行反应。催化剂目前有以下几种形式：①将有催化活性的物质采用涂覆的方式覆盖在载体表面上，发生的反应是表面反应；②将具有催化活性的物质涂覆在活性炭、分子筛、堇青石等上，形成多孔催化剂；③催化活性物质与支持物直接混合，形成整体式催化剂，反应时发生的是多相催化反应，存在内扩散，可看作体积反应。

以整体式催化剂为对象建立数学模型，考虑到催化剂孔道结构的对称性与完整性，取定一个孔道建立数学模型，催化剂孔道示意图如图 4-3 所示。首先根据实际的催化剂使用情况确定催化剂孔道尺寸，一般的整体式 SCR 催化剂的孔道边长 4～10mm 不等，取决于处理的烟气量以及烟气中灰分含量的高低，一般的孔道边长为 7～8mm，壁厚为 1～2mm，如果催化剂强度不够或灰分颗粒磨损严重可以适当加厚壁厚，本章的催化剂孔道尺寸为孔道边长 8mm，孔道长度 720mm，壁厚 1mm。

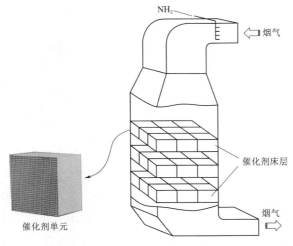

图 4-2 使用 V_2O_5/TiO_2 催化剂的 SCR 反应器

所建立的数学模型是以下述条件和假设为基础的：

（1）催化剂入口气体速度、温度、组分浓度等均匀分布。

（2）反应器各个孔道发生的反应是完全相同的。

（3）考虑 NO 和 NH_3 的质量平衡和热量平衡。

（4）以 FICK 传质定律考虑气体传质。

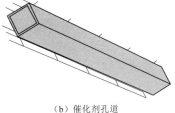

(a) 孔道截面尺寸　　　　　　　　(b) 催化剂孔道

图 4-3　催化剂孔道模型

(5) 忽略气体的非轴向流动和组分的纵向传质。

(6) 由于孔道为正方形，假设孔道截面气体流速和成分对称分布。

(7) 通道之间无传质。

(8) 工况运行稳定，物质流量稳定。

所采用的控制方程包括质量传递、流体流动和热量传递控制方程。

质量传递方程是扩散-对流方程，即

$$\nabla \cdot (-D_i \nabla c_i) + u \cdot \nabla c_i = R_i \tag{4-22}$$

式中　D_i——扩散系数，m^2/s；

　　　c_i——物质浓度，mol/m^3；

　　　u——速度，m/s；

　　　R_i——物质的速率表达式，$mol/(m^3 \cdot s)$。

入口和出口质量传递的边界条件分别为

$$c = c_{in} \tag{4-23}$$

$$n \cdot (-D \nabla c) = 0 \tag{4-24}$$

流体流动方程和达西定律控制方程为

$$\nabla \cdot (\rho u) = 0 \tag{4-25}$$

$$u = \frac{\kappa}{\mu} \nabla p \tag{4-26}$$

式中　κ——有效渗透率，m^2；

　　　ρ——密度，kg/m^3；

　　　μ——黏度，$Pa \cdot s$。

流体流动的边界条件为

入口压力 $p = 70Pa$；出口压力 $p = 0$。

热量传递方程为

$$(\rho C_p)_{eq} \frac{\partial T}{\partial t} + \rho_L C_{pL} u \cdot \nabla T = \nabla T \cdot (k_{eq} \nabla T) + Q \tag{4-27}$$

式中　ρ_L——流体密度，kg/m^3；

C_{pL}——流体热容，$J/(kg \cdot K)$；

$(\rho C_p)_{eq}$——等体积热容，$J/(m^3 \cdot K)$；

k_{eq}——等效导热系数，$W/(m \cdot K)$；

Q——热源，W/m^3。

反应器热流边界为

$$q_m \cdot n = h(T - T_{amb}) \tag{4-28}$$

式中　h——热传导系数，$W/(m^2 \cdot K)$；

T_{amb}——环境温度，T。

热量传递的边界条件

进口

$T = T_0$；

出口

$n \cdot (k \nabla T) = 0$。

反应动力学方程参数见表 4-1。进口处各物质的摩尔流量见表 4-2。

表 4-1　　　　　　　　反应动力学方程参数

常　数	值	常　数	值
A_1/s^{-1}	1×10^6	$E_2/(kJ/mol)$	85
$E_1/(kJ/mol)$	60	$A_0/(m^3/mol)$	2.68×10^{-17}
A_2/s^{-1}	6.8×10^7	$E_0/(kJ/mol)$	-243

表 4-2　　　　　　　　物质的进口摩尔流量

物　质	进口摩尔流量/(mol/s)	物　质	进口摩尔流量/(mol/s)
NO	5.20×10^{-7}	H_2O	2.45×10^{-5}
O_2	9.00×10^{-6}	N_2	2.29×10^{-4}

利用 Comsol 有限元分析软件对 SCR 钒基催化反应的脱硝性能进行模拟计算，要对网格无关性进行考核，保证网格数量的变化不会对计算结果有较大影响，研究的操作参数包括温度、流速等。采用 Comsol 软件中的网格划分模块整体划分，利用有限体积法进行计算，速度计算采用压力—速度耦合的 SIMPLE 算法，网格采用自由剖分的四面体网格。

网格划分的结果是平均网格质量 0.7809，最小网格质量 0.2153，按照网格划分的原则，网格质量越接近 1 越好，最小网格质量要大于 0.01，以上结果满足要求。网格考核时，孔道长度选了 360mm。网络数对计算结果的影响如图 4-4 所示。通过图 4-4 可以看出在网格数大于 12 万时，网格数对计算结果基本上已经没有影响，计算结果趋于稳定，12 万网格计算的 NO 出口浓度和脱硝效率与 15 万网格计算的结果相对误差都小于 0.5%。因此在单孔道模型中的网格数取 12 万左右既满足计算精度又尽可能地节约计算内存。在孔道长度 720mm 时，网格数大概为 25 万。

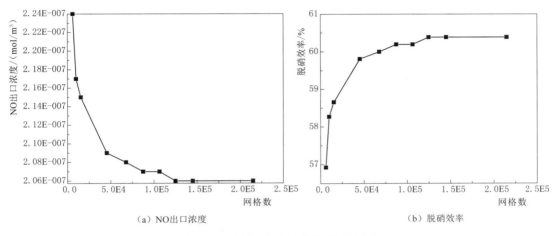

（a）NO 出口浓度 　　　　　　　　　　　　（b）脱硝效率

图 4-4　网格数对计算结果的影响

不同温度下脱硝效率模拟值与实验数据的对比如图 4-5 所示。从图 4-5 可以看出，文献中的实验值与计算模拟的脱硝效率大体趋势相同，都是随着温度的增加先增大后减小，达到较高脱硝效率的温度区间都在 550～650K，说明模型有一定可靠性。最大偏差为 25%，平均偏差小于 10%。模拟值与文献值的偏差原因主要在实际发生反应时复杂难测的影响因素较多，且模拟值所采用的动力学参数在实际情况中都是随温度的变化而变化的，但模拟时只是采用了一个较为合理的计算常数，因此二者的结果还是有偏差。而且文献中的实验只考虑了

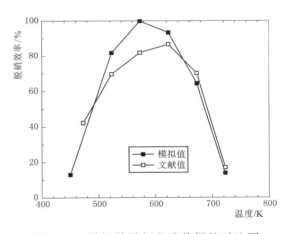

图 4-5　模拟结果与实验数据的对比图

SCR 主反应，催化剂的活化能和指前因子也有差别。

4.1.4　本征动力学模拟

反应物含量沿孔道的变化规律如图 4-6 所示。由图 4-6 可以看出，在反应物流速为 1m/s 时，由于副反应的发生，导致 NO 还原没有完全发生，NH_3 已经消耗殆尽，这种情况下，NH_3 不存在逃逸的情况，但 NO 反应不完全对脱硝不利，可能完不成脱

硝目标，因此，化学计量比只能作为参考，接下来进一步分析氨氮比的影响，即保证在有 NO 存在的情况下，NH₃ 也存在，使得脱硝反应能进行完全，而又不至于还原剂过量导致二次污染。从图 4-6 （b）可以看出，将氨氮比增加至 1.1 时，NH₃ 不会提前反应完，具备与 NO 充分反应的要求。

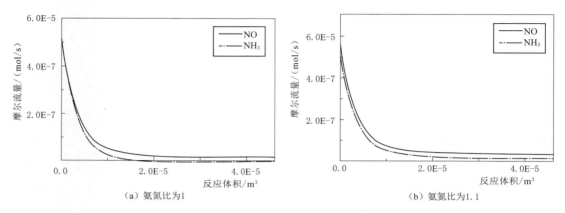

(a) 氨氮比为1 (b) 氨氮比为1.1

图 4-6 反应物含量沿孔道的变化规律

接下来从反应速率方面看氨氮比为 1.1 是否满足要求。主反应速率的变化规律如图 4-7 所示。从图 4-7 （a）可以看出在反应刚开始时，由于反应物充足，反应速率区别不大，但随着反应的进行，差别也随之显现，氨氮比越大，主反应 [式 （4-8）] 速率越快，但考虑到物料成本和氨逃逸的二次污染，因此本部分在本征动力学基础下，选择氨氮比为 1.1。从图 4-7 （b）可以看出在已有的进料情况下，在氨氮比为 1.1 时，温度大概为 650K，反应速率最快。

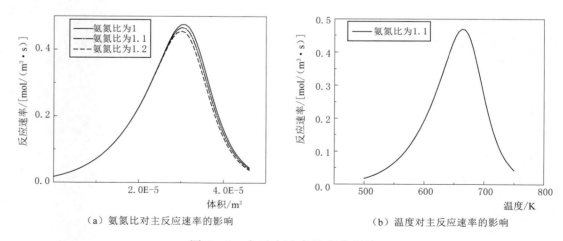

(a) 氨氮比对主反应速率的影响 (b) 温度对主反应速率的影响

图 4-7 主反应速率的变化规律

在温度为 523K，氨氮比为 1.1 时，主副反应的选择性参数沿反应体积的变化如图 4-8 所示。在选择性参数大于 2 时即能说明主反应占整个反应的主导地位，也从另外一方面证明了选择氨氮比为 1.1 是适宜的。在氨氮比为 1.1，温度为 523K 下，反应温度随孔道体积的变化如图 4-9 所示，基本上是小幅度增加后就开始降低了。这与本节选择的反应物进料较少，而孔道体积较大有关。

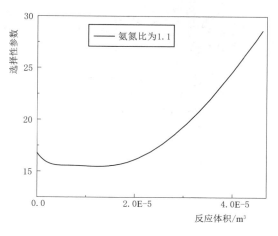

图 4-8　主副反应选择性参数沿　　　　图 4-9　反应温度随孔道体积的变化
　　　　反应体积的变化

4.1.5　三维孔道反应特性研究

4.1.5.1　基本反应特性

计算参数：进口温度 523K，进口速度 1m/s，氨氮比 1.1，反应物的成分以及用量和本征动力学计算时一样。$z=720mm$ 边界为进口，$z=0mm$ 边界为出口。反应物初始浓度见表 4-3。

表 4-3　　　　　　　　　　反 应 物 初 始 浓 度

物　　　质	NO	NH$_3$
$c_{in}/(mol/m^3)$	4.11×10^{-2}	5.57×10^{-2}

NO 和 NH$_3$ 的浓度分布情况如图 4-10 和图 4-11 所示。孔道不同截面的温度分布如图 4-12 所示。从图 4-12 中可以看出反应物在孔道中心浓度最低，催化剂边界的浓度较高，孔道中心由于反应放热而导致温度升高。由于反应物的量比较少，边界与中心有区别，但区别很小。靠近孔道边界的 NO 和 NH$_3$ 浓度反而较高，孔道中心 NO 和 NH$_3$ 的浓度较低，反应较快。从温度分布来看，孔道中心温度比孔道其他部位高，主反应是放热反应，也从侧面印证了孔道中心反应较迅速，因此本节的模型是体积反应不是表面反应。

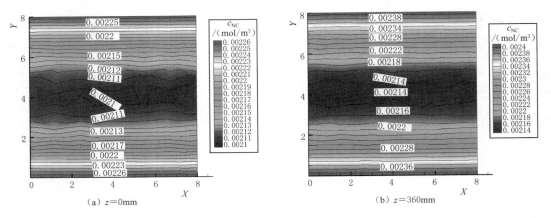

图 4 - 10　NO 浓度分布情况

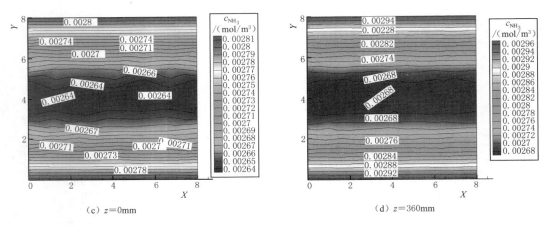

图 4 - 11　NH₃ 浓度分布情况

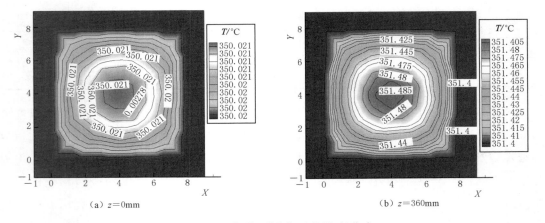

图 4 - 12　孔道不同截面的温度分布

x-z 截面 NO 和 NH_3 的浓度分布情况如图 4-13 和图 4-14 所示。c_{NO} 表示 NO 浓度，c_{NH_3} 表示 NH_3 浓度。孔道竖直截面的温度分布如图 4-15 所示。从图 4-15 中可以看出，在孔道进口约 300mm 范围内（$y=400\sim700$mm）反应已经基本完成。实际生产过程中，催化剂在制备时一般选择 $400\sim700$mm，是基于各种反应不利因素以及催化剂中毒的考虑，保证 SCR 脱硝反应在催化剂充足的情况下反应。

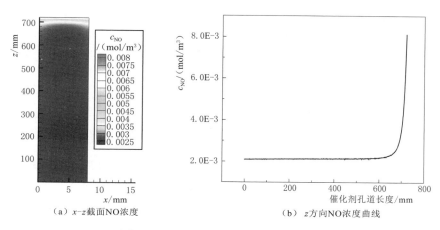

（a）x-z截面NO浓度　　（b）z方向NO浓度曲线

图 4-13　x-z 截面 NO 浓度分布

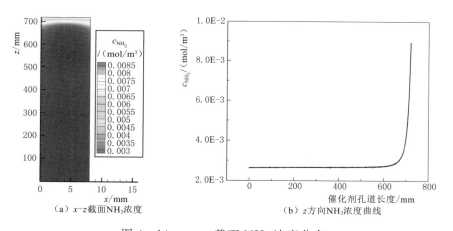

（a）x-z截面NH_3浓度　　（b）z方向NH_3浓度曲线

图 4-14　x-z 截面 NH_3 浓度分布

4.1.5.2　烟气流速对脱硝效率的影响

综合来说，反应物在催化孔道中停留的时间越长，反应越充分，脱硝效率相应也越高，但进气速度如果太低，整个脱硝反应器的烟气处理效率就会大大降低，对于火电厂来说，必须是按时处理一定量的烟气，因此兼顾反应程度与烟气处理量需要找到合适的进气速度。

烟气流速对 SCR 反应的影响如图 4-16 所示。从图 4-16 可以看出，随着烟气流速的增大，各个反应物的转化率呈逐渐下降趋势，基本上呈线性下降，在小于 4m/s

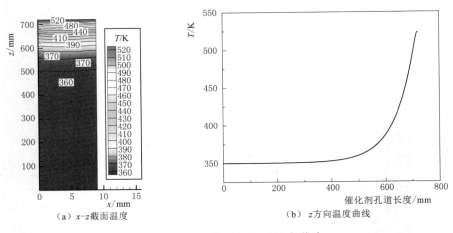

（a）x-z 截面温度　　（b）z 方向温度曲线

图 4-15　孔道竖直截面温度分布

时随着速率的上升，下降的趋势会慢一些。反应物与催化剂的接触时间缩短导致反应进行不完全，故反应物的转化率降低。从灰分沉积方面考虑，烟气流速增加会使灰分在催化剂中的沉积率降低，使得催化剂的使用寿命延长。

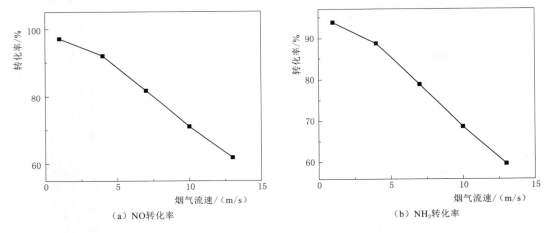

（a）NO 转化率　　（b）NH₃ 转化率

图 4-16　烟气流速对 SCR 反应的影响

4.1.5.3　温度对脱硝效率的影响

SCR 烟气脱硝反应在一定温度范围内才能发挥催化剂的作用，降低跨过反应壁垒的活化能，使得反应温度比 SNCR 的脱硝反应需要得低。SCR 反应温度低于适宜催化剂的温度，脱硝反应不充分，还原剂和反应物不能反应而又重新进入烟气系统；温度太高会导致催化剂失活、副反应发生太多，形成新的污染物，导致二次污染，因此需要找到合适的反应温度。

温度对 NO 转化率的影响如图 4-17 所示。从图 4-17 可以看出，烟气流速为 7m/s 时，在低于 600K 的温度下，温度越高脱硝效率越高，但是在 600K 以上的温度下，脱硝效率开始降低，整个趋势呈现先增大后减小的趋势。主要有两个原因：一是因为催化剂有适宜的催化温度，在偏离适宜温度后不论是过低的温度或是过高的温度，催化剂活性都不高，都不适合进行反应，因此脱硝效率会降低；二是本模型考虑了还原剂 NH_3 的氧化副反应，NH_3 氧化的吸热反应温度越高反应进行越充分，还原剂 NH_3 自我氧化消耗较大。综合以上两个原因，脱硝反应随温度的变化趋势是抛物线形式的。但从与反应速率和温度的关系来看，两者的最佳温度不是一个值，这说明反应最快与脱硝效率最好之间有一定区别。

从反应动力学方程来看，氨氮比越高脱硝效率越好，但考虑了氨气逃逸率的限定以及副反应的影响，即来不及发生反应的或是多余的 NH_3 随着反应后的烟气排出，造成二次污染。过量还原剂会造成成本增加，因此设置了氨氮比为 1.1。氨氮比对脱硝效率的影响如图 4-18 所示。图 4-18 显示氨氮比从 $0.8\sim1.2$，脱硝效率的变化情况，图线表明变化不大，与实际试验中的脱硝效率有差别，其主要是主反应动力学方程的差异，在采用了 E-R 模型后，动力学方程中关于 NH_3 浓度的一项参数最后计算约等于 1，也就是 NH_3 的浓度在此种动力学方程情况下对脱硝效率的影响较小，与在实际工程操作中氨氮比选择在 $0.8\sim1.2$ 之间的情况吻合。

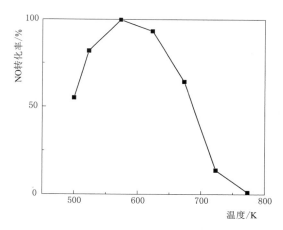

图 4-17　温度对 NO 转化率的影响

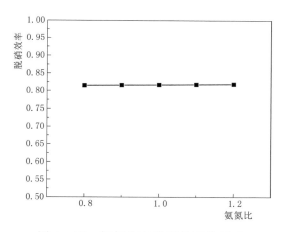

图 4-18　氨氮比对脱硝效率的影响

4.2　快速 SCR 反应过程的反应机理

在上一节中 SCR 反应使用的是 E-R 机理，本节重点研究快速 SCR 反应对烟气脱硝效率的影响，引入了另一个氮氧化物的氧化还原反应。而且反应温度比上一节的 E-R 机理温度稍有降低，大概为 $200\sim250℃$。在反应过程中，低于 $200℃$ 时氨气会与副产物硝酸、亚硝酸生成硝酸铵或是亚硝酸铵，会对催化剂产生钝化作用，影响脱硝效率，因此本节采用了 L-H 机理来模拟 SCR 反应。

这种低温 SCR 反应快，脱硝效率高，然而基于 L-H 机理的 SCR 反应在电厂烟气脱硝中使用较少。因此，本节探索了快速 SCR 反应在电厂烟气脱硝中的应用同时考虑了 H_2O、O_2、温度、氧气以及二氧化氮浓度对烟气脱硝效率的影响。本节中催化剂依然是 V_2O_5 催化剂。控制方程与上一节保持一致，只是反应模型有区别。

4.2.1 SCR 反应模型

在反应模型中除了标准反应以外，又添加了一个快速反应模型，该反应在脱除 NO 的反应速率很快，方程式为

$$4NH_3 + 4NO + O_2 \longrightarrow 4N_2 + 6H_2O \tag{4-29}$$

$$4NH_3 + 2NO + 2NO_2 \longrightarrow 4N_2 + 6H_2O \tag{4-30}$$

$$4NH_3 + 5O_2 \longrightarrow 4NO + 6H_2O \tag{4-31}$$

标准的 SCR 反应主要发生在温度 250~450℃之间，当温度低于 200℃时，标准反应的反应速率太慢，影响到了部分脱硝的实际应用，为了提高低温下的 SCR 反应速率，研究者们发现了等摩尔的 NO 和 NO_2 在 NH_3 的还原下，反应速率比单纯只有 NO 时更快，这个过程被称为快速 SCR 反应，如上述方程所示。在快速反应的参与下，低于 300℃时脱硝效率显著提高，当温度高于 500℃时，氨氧化明显。

反应速率方程为

$$r_1 = \frac{A_1' e^{-E_1'/RT} c_{NH_3} c_{NO} c_{O_2}}{G_1} \tag{4-32}$$

$$r_2 = \frac{A_2' e^{-E_2'/RT} c_{NH_3} c_{NO} c_{NO_2}}{G_2} \tag{4-33}$$

$$r_3 = \frac{A_3' e^{-E_3'/RT} c_{NH_3} c_{O_2}}{G_3} \tag{4-34}$$

$$G_1 = T(1 + K_1 c_{NO} + K_2 c_{H_2O})^2 (1 + K_3 c_{NH_3})^2 (1 + K_4 c_{O_2})^2 \tag{4-35}$$

$$G_2 = T(1 + K_1 c_{NO} + K_2 c_{H_2O})^2 (1 + K_3 c_{NH_3})^2 \tag{4-36}$$

$$G_3 = G_1 \tag{4-37}$$

$$K_i = A_i e^{(-E_i/RT)} \tag{4-38}$$

各类参数见表 4-4 和表 4-5。

表 4-4　　　　　　　　　主　要　反　应　系　数

常　　　数	$A/[(mol \cdot K)/(m^3 \cdot s)]$	$E/(J/mol)$
标准反应	1.5×10^{17}	8.8×10^4
快速反应	7.0×10^{27}	1.57×10^5
氨氧化反应	8.8×10^{24}	3.0×10^5

表 4-5　　　　　　　　　　　　反 应 速 率 方 程 参 数

常　　数	$A/[(mol \cdot K)/(m^3 \cdot s)]$	$E/(J/mol)$
K_1	20	-7.9×10^3
K_2	1.5	-7.9×10^3
K_3	107	3.1×10^4
K_4	20	0

4.2.2　O_2 浓度的影响

　　氧气含量对脱硝效率的影响如图 4-19 所示。图 4-19（a）显示的是不同氧含量下脱硝效率的计算值与参考文献 [105] 中值的对比结果，平均误差小于 5%。电厂烟气中的含氧量大概在 2%～17%（体积分数），主要来自燃烧炉中没有燃烧完的氧气。氧气在烟气处理系统如在 SCR 单元前的 DOC 稳定消耗，图 4-19（b）显示的是氧气浓度（0.05%～10%）对脱硝效率的影响，其中 NO 浓度为 500ppm，NH_3 浓度为 500ppm。从图 4-19（b）中可以看出，脱硝效率随着温度的增加而增加，在 350～450℃时，基本上达到 100%。温度在 450℃以上，脱硝效率下降，同样是由于氨氧化副反应的增加。当氧气浓度达到 2% 以上，在整个温度范围内基本脱硝效率稳定程度与氧浓度关系不大。在实际烟气脱除过程中氧含量基本上都大于 2%，因此氧气浓度不是影响脱硝效率的重要因素。当氧气浓度低于 2% 时，氧气浓度对脱硝效率影响较大，氧气浓度越低，脱硝效率越低，主要影响标准 SCR 反应。

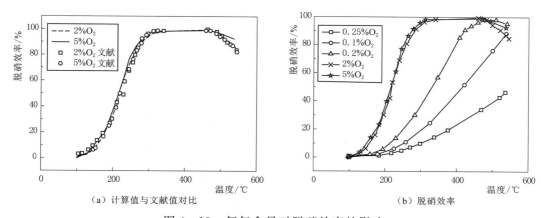

图 4-19　氧气含量对脱硝效率的影响

4.2.3　H_2O 浓度的影响

　　含水量对脱硝效率的影响如图 4-20 所示。图 4-20（a）显示的是 5% H_2O 含量下计算值与文献值的对比结果，平均误差小于 5%。水蒸气的存在会抑制 SCR 的某些反应，水蒸气不是直接影响 SCR 的脱硝反应，而是影响有放热、吸热状态的吸附过程。进一步研究了含水量对 SCR 脱硝反应的影响（2% O_2、500ppm NO、500ppm NH_3）。从图 4-20（b）中可以看出随着含水量的增加，脱硝效率呈下降趋势。在温度为 200℃时，NO 的转化率为 32%、15%、8%，分别对应的含水量是 0%、5%、10%。根据已有的研究 H_2O 对 SCR 脱硝效率的影响主要是通过影响 H_2O 与 NH_3 在催化剂活性位上的吸附所导致的。

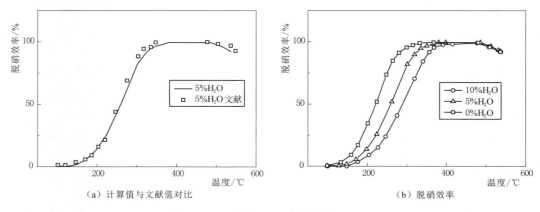

（a）计算值与文献值对比　　　　　　　　　（b）脱硝效率

图 4-20　含水量对脱硝效率的影响

4.2.4　NO_2/NO_x 值的影响

NO_2 含量对脱硝效率的影响如图 4-21 所示。图 4-21（a）是计算值与文献值的对比结果。一般情况下，在烟气中 NO 含量占到总量的绝大部分（>95%），而 NO_2 含量很少（<5%），由于催化剂的作用，NO 有一部分会转化成 NO_2，因此这一部分考虑 NO_2/NO_x 对 SCR 脱硝效率的影响。在这一部分，烟气含水量为 0，O_2 含量为 5%，NH_3 为 500ppm，NO_2/NO_x 值从 0 到 0.5。从图中可以看出在 NO_2/NO_x 值逐渐增加的过程中，NO_x 的转化率在逐渐增加，NO_x 的总进口量保持在 500ppm 不变。发生这种变化的主要原因在于快速 SCR 脱硝反应，此时 NO_2 与 NH_3 反应转变成 N_2 的效率明显比标准 SCR 脱硝反应快。如果 NO_2 的比例继续上升超过 0.5，SCR 的脱硝效率会下降。故在目前研究的情况下，NO 与 NO_2 等量进入时，脱硝效果最好。尽管通过催化剂可以使一部分 NO 生成 NO_2，但由于催化剂的选择性，生成效率并不高，尤其是在低温情况下（<150℃）。当然在增加氧化催化剂体积的情况下也可以增加 NO 转化为 NO_2 的量。因此温度和氧化催化剂的体积是影响 NO 转化为 NO_2 的关键因素，控制这两个因素可以使 NO_2 的含量达到最适宜的范围。

4.2.5　氨氮比的影响

因为 NH_3 与烟气中的硫酸、硝酸生成硫酸盐、硝酸盐，这些盐类对 SCR 催化剂

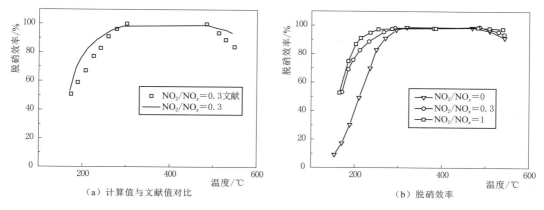

（a）计算值与文献值对比　　　　　　　　（b）脱硝效率

图 4-21　NO$_2$ 对脱硝效率的影响

有毒化和钝化作用，所以这些盐类生成越少越好，但 NH$_3$ 作为 SCR 反应的还原剂要完成 SCR 反应量又不能特别少，因此需要研究 NH$_3$ 的合适量。在此处氨氮比从 0.5 到 2，烟气成分为 5%H$_2$O、5%O$_2$、NO$_x$ 500ppm。

无 NO$_2$ 时氨氮比对脱硝效率的影响如图 4-22 所示。从图 4-22 可以看出，没有 NO$_2$ 且氨氮比为 0.5 时，NO 的转化率为 50%，此时限制 NO 转化率是由于还原剂 NH$_3$ 的量不足。在脱硝中起主要作用的是标准 SCR 反应，当氨氮比为 1~2 时，NO 的转化率就上升了，当温度较低时，SCR 脱硝效率也较低。图 4-22（a）显示的是计算值与文献值的对比结果，平均误差小于 5%。

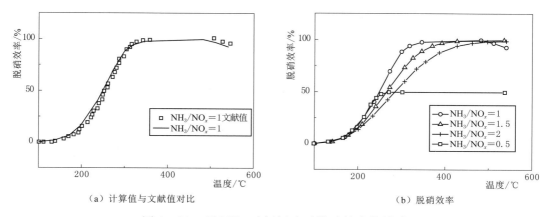

（a）计算值与文献值对比　　　　　　　　（b）脱硝效率

图 4-22　无 NO$_2$ 时氨氮比对脱硝效率的影响

NO$_2$/NO=1 时氨氮比对脱硝效率的影响如图 4-23 所示。图 4-23（a）显示的是计算值与文献值的对比结果，误差小于 5%。从图 4-23 可以看出，当存在 NO$_2$ 且 NO$_2$/NO 为 1 时，氨氮比从 0.5 增加到 2 时，SCR 的脱硝效率变化趋势与没有 NO$_2$ 时相似，但在低温时显示出了较高的脱硝效率，这是因为快速 SCR 反应在相同工况条件下反应速率快，活化能低。等温度继续上升时，两者基本趋于一致。

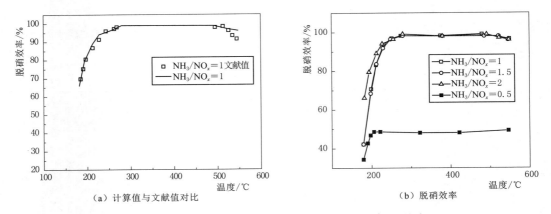

（a）计算值与文献值对比　　　　　　　（b）脱硝效率

图 4－23　NO$_2$/NO＝1 时氨氮比对脱硝效率的影响

第 5 章

SCR 脱硝反应器多物理场特性研究

选择性催化还原技术（SCR）的脱硝效率较高，无论从结构设计、设备制造到现场安装技术都已经非常成熟。对燃煤电站烟道进行 SCR 系统设计时，需要着重考虑在烟道内分布较多的导流板、整流格栅等这些均流装置，这些部件与 SCR 系统脱硝效率和氨逃逸率关系密切。但在 SCR 脱硝系统的实际运行过程中，往往由于导流板结构设计不当而导流板、整流格栅等装置均完备的情况下，仍然出现烟气在 SCR 系统内首层催化剂入口截面处流场分布不均匀的情况。这种情况下，对导流板进行拆除并重新进行载荷设计。但结构优化等工作成本高昂。因此有必要开展 SCR 脱硝反应器的多物理场特性研究，探讨导流板对脱硝反应器多物理场的调控机制，确定合理的导流板设计方案。

5.1　数值模型

5.1.1　反应过程

火电厂 SCR 烟气脱硝还原技术是指在催化剂的作用下，利用还原剂 NH_3 将烟气中的 NO_x 还原成 N_2 和 H_2O。SCR 烟气脱硝基本原理如图 5-1 所示。利用喷氨系统将还原剂 NH_3 喷入烟道中，还原剂 NH_3 与烟气充分混合后，在脱硝反应器的催化剂层的作用下进行脱硝反应。此反应过程是在脱硝反应器中完成。

其主要的反应方程为

$$4NH_3 + 4NO + O_2 \longrightarrow 4N_2 + 6H_2O \qquad (5-1)$$

$$4NH_3 + O_2 \longrightarrow 2N_2 + 6H_2O \qquad (5-2)$$

$$4NH_3 + 5O_2 \longrightarrow 4NO + 6H_2O \qquad (5-3)$$

$$SO_2 + \frac{1}{2}O_2 \longrightarrow SO_3 \qquad (5-4)$$

其中式（5-1）为主要的脱硝还原反应，其余反应均为副反应。SCR 脱硝反应是在催化剂作用下进行的化学反应，由于催化剂活性具有一定的温度区间，不同的催化

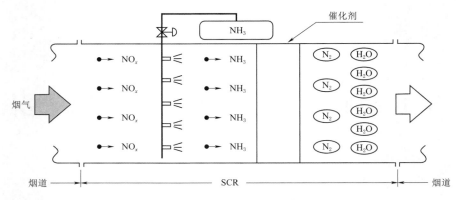

图 5-1　SCR 烟气脱硝基本原理

剂具有不同的温度区间。目前，火电厂广泛运用的 SCR 脱硝催化剂的温度区间为 $250\sim420℃$。

5.1.2　数值计算模型

5.1.2.1　控制方程

火电厂 SCR 脱硝反应器的数值模拟计算包含的守恒方程有质量守恒方程（连续性方程）、动量守恒方程（N-S 方程）、能量守恒方程和化学组分输运方程。

质量守恒方程为

$$\rho \nabla \cdot \vec{u} = 0 \tag{5-5}$$

动量守恒方程为

$$\rho(\vec{u} \cdot \nabla)\vec{u} = \nabla \cdot [-pI + \mu(\nabla\vec{u} + \nabla^{\mathrm{T}}\vec{u})] + \vec{F} \tag{5-6}$$

能量守恒方程为

$$\rho C_{\mathrm{p}}\vec{u} \cdot \nabla T + \nabla \cdot q = Q + Q_{\mathrm{p}} + Q_{\mathrm{vd}} \tag{5-7}$$

化学组分输运方程为

$$\nabla \cdot (-D_i c_i) + \vec{u} \cdot \nabla c_i = R_i \tag{5-8}$$

5.1.2.2　湍流流动模型

火电厂 SCR 脱硝反应器内部的烟气流动是湍流流动，目前计算流体力学湍流流动的数值模拟过程可以分为直接数值模拟（direct numerical simulation，DNS）、大涡模拟（large eddy simulation，LES）、Reynolds 时均方程的模拟（reynolds-averaging equations）。其中 COMSOL 软件提供的具有代表性的湍流模型有 Algebraic yPluse 模型、L-VEL 模型、Standard k-ε 模型、k-ω 模型、SST 模型、Low Re k-ε 模型、Spalart-Allamras 模型。本章选择的湍流模型为 Standard k-ε 模型，其 k-ε 方程为

$$\rho(\vec{u} \cdot \nabla)k = \nabla \cdot \left[\left(\mu + \frac{\mu_{\mathrm{T}}}{\sigma_{\mathrm{k}}}\right)\nabla k\right] + P_{\mathrm{k}} - \rho\varepsilon \tag{5-9}$$

$$\rho(\vec{u} \cdot \nabla)\varepsilon = \nabla \cdot \left[\left(\mu + \frac{\mu_T}{\sigma_\varepsilon}\right)\nabla\varepsilon\right] + C_1 \frac{\varepsilon}{k}P_k - C_2\rho\frac{\varepsilon^2}{k} \qquad (5-10)$$

$$\mu_T = \rho C_\mu \frac{k^2}{\varepsilon} \qquad (5-11)$$

$$P_k = \mu_T\{\nabla\vec{u} : [\nabla\vec{u} + (\nabla\vec{u})^T]\} \qquad (5-12)$$

其中，C_1 取 1.44；C_2 取 1.92；C_μ 取 0.09；σ_k 取 1；σ_ε 取 1.3。

5.1.2.3　化学组分输运模型

化学组分输运模型是计算软件预定义了化学组分在对流扩散输运过程的模型，COMSOL 软件中包括稀物质输运模型（transport of diluted species interface）和浓物质输运模型（transport of concentrated species interface），其中稀物质模型假设所有的组分是稀疏相，也就是说与溶剂相比它们所占的体积比例较小。通常来说，当作为溶剂的物质所占体积比超过 90%，那么混合物质可以看作为稀疏物质。正是因为如此，稀物质模型可以将混合物质的物理参数（如密度和黏度）简化为溶剂物质相对应的物理参数。本研究中烟气组分中由于反应物质所占的比例远小于 10%，因此选择稀物质输运模型（transport of diluted species interface）。

5.1.2.4　多孔介质模型

火电厂 SCR 脱硝反应器的脱硝反应主要发生在催化剂层，采用多孔介质模型对催化剂层的流动和物质传递进行简化，以方便数值模拟研究。

1. 多孔介质流动

为描述催化剂层对烟气流动阻碍的影响，以准确描述烟气流经催化剂层所造成的压力损失，在催化剂层多孔区域加入动量源项 $\vec{F}$

$$\vec{F} = \begin{bmatrix} -3000 \cdot u \\ -30 \cdot v \\ -3000 \cdot w \end{bmatrix} \qquad (5-13)$$

式中　u、v、w——不同方向上的速度分量；

　　　　负号——对烟气的阻力作用。

2. 介质物质传递

多孔介质稀物质传递模型用于描述化学组分在多孔介质中的对流和扩散过程，其控制方程为

$$\vec{u} \cdot \nabla c_i = \nabla \cdot [(D_{D,i} + D_{e,i})\nabla c_i] + R_i \qquad (5-14)$$

$$D_{e,i} = \frac{\varepsilon}{\tau_{F,i}}D_{F,i} \qquad (5-15)$$

式中　$D_{e,i}$——有效扩散系数；

　　　$\tau_{F,i}$——孔道弯曲度，不同的扩散模型对应不同的取值。本章采用 Millington 和 Quirk 提出的公式，即 $\tau_{F,i} = \varepsilon^{-1/3}$。

3. 介质能量传递

脱硝反应器的化学反应全部发生在催化剂层，其中伴随着化学反应热的释放，而催化剂对脱硝反应温度也有较高的要求，因此催化剂层内部的能量传递对于研究具有重要的意义。

能量传递模型为

$$\rho C_{p,eff} \vec{u} \cdot \nabla T + \nabla \cdot q = Q + Q_{vd} \tag{5-16}$$

$$q = -k_{eff} \nabla T \tag{5-17}$$

$$C_{p,eff} = \varepsilon C_{p,s} + (1-\varepsilon) C_{p,g} \tag{5-18}$$

$$k_{eff} = \varepsilon k_s + (1-\varepsilon) k_g \tag{5-19}$$

式中　$C_{p,eff}$——有效定压比热容；

　　　k_{eff}——有效导热系数；

　　　$C_{p,s}$——催化剂固体定压比热容；

　　　$C_{p,g}$——烟气定压比热容；

　　　k_s——催化剂固体导热系数；

　　　k_g——烟气导热系数。

5.1.2.5　SCR 脱硝化学反应模型

广泛运用的 SCR 脱硝技术反应温度为 $250 \sim 450℃$，其主要的化学反应过程如下

$$4NH_3 + 4NO + O_2 \longrightarrow 4N_2 + 6H_2O \tag{5-20}$$

$$4NH_3 + O_2 \longrightarrow 2N_2 + 6H_2O \tag{5-21}$$

$$4NH_3 + 5O_2 \longrightarrow 4NO + 6H_2O \tag{5-22}$$

$$SO_2 + \frac{1}{2}O_2 \longrightarrow SO_3 \tag{5-23}$$

其中式（5-20）为脱硝反应，其余反应为副反应。式（5-21）是其竞争反应，是指还原剂 NH_3 的氧化反应；式（5-22）烟气中存在较多 NO 时，其反应速率较小，可以忽略不计；式（5-23）主要是因为燃煤中含有硫组分，该反应生成的 SO_3 会与水蒸气和还原剂 NH_3 发生以下反应

$$SO_3 + H_2O \longrightarrow H_2SO_4 \tag{5-24}$$

$$NH_3 + SO_3 + H_2O \longrightarrow (NH_4)HSO_4 \tag{5-25}$$

$$2NH_3 + SO_3 + H_2O \longrightarrow (NH_4)_2SO_4 \tag{5-26}$$

式（5-24）生成的硫酸为酸性物质，对管道设备具有强腐蚀性作用，而式（5-25）和式（5-26）成的硫酸氢铵和硫酸二铵熔点较低，易于在催化剂层以及催化剂层下游的空气预热器上发生沉积，虽然烟气中 SO_2 的成分较少，但是随着时间的积累，硫酸盐的沉积会造成催化剂层催化活性的降低以及空气预热器上结垢，换热效果严重下降，因此在脱硝反应过程中需要严格控制式（5-22）的发生。本书主要关注脱

硝反应，式（5－23）不是研究重点，因此本书研究的化学反应主要包括式（5－20）和式（5－21）。

式（5－20）的反应速率方程为

$$r_1 = k_1 C_{NO} \frac{\alpha C_{NH_3}}{1 + \alpha C_{NH_3}} \qquad (5-27)$$

式（5－21）的反应速率方程为

$$r_2 = k_2 C_{NH_3} \qquad (5-28)$$

其中

$$k_1 = A_1 \left(-\frac{E_1}{R_g T} \right) \qquad (5-29)$$

$$k_2 = A_1 \left(-\frac{E_2}{R_g T} \right) \qquad (5-30)$$

$$\alpha = A_0 e^{-\frac{E_0}{R_g T}} \qquad (5-31)$$

具体反应速率参数的取值见表5－1。

表 5－1　　　　　　　　　　反 应 速 率 参 数

参　数	数　　值	参　数	数　　值
A_0/s^{-1}	2.68×10^{-17}	$E_1/(J/mol)$	6.00×10^4
$E_0/(J/mol)$	-2.43×10^5	A_2/s^{-1}	6.8×10^7
A_1/s^{-1}	1.00×10^6	$E_2/(J/mol)$	8.5×10^4

5.1.3　模型验证

5.1.3.1　网格独立性考核

在进行实际问题的数值计算时，网格的生成需要经过反复的调试和比较，才能获得适合于所计算具体问题的网格。作为获得数值解的网格应当足够细密，以至于再进一步增加网格的数量对计算的结果没有影响，这种数值解称为网格独立的解（grid-independent solution）。获得网格独立的解是国际学术界接受数值计算论文的基本要求。

由于本节主要模拟 SCR 脱硝反应，因此选择脱硝反应器出口的 NO 浓度和 NH_3 浓度作为考核指标，网格数据见表5－2。NO 和 NH_3 浓度随网格数量的变化如图5－2所示。可以看出，网格数量达到 50 万以后，随着网格数量的增长，出口处 NH_3 和 NO 的浓度没有明显变化，因此认为网格在 50 万时具有独立性，在计算中采用 50 万的网格。

表 5-2   网 格 数 据

网格数/万个	出口 NO 浓度/(mol/m³)	出口 NH₃ 浓度/(mol/m³)
30	0.0094281	0.041668
50	0.0091345	0.013894
87	0.0091755	0.013237
104	0.0092893	0.013219

5.1.3.2 数值方法验证

为了评价脱硝装置的脱硝性能，提出 NO_x 脱除效率的评价指标，即

$$\eta_{NO_x} = \frac{NO_{x\,in} - NO_{x\,out}}{NO_{x\,in}} \times 100\% \qquad (5-32)$$

式中 η_{NO_x} ——NO_x 百分比脱除效率；

$NO_{x\,in}$ ——脱硝系统运行时反应器入口处 NO_x 的含量，标态，mg/m^3；

$NO_{x\,out}$ ——脱硝系统运行时反应器出口处 NO_x 的含量，标态，mg/m^3。

本节重点关注反应器的脱硝性能，因此将模拟得到的脱硝率随烟气入口温度的变化情况与实验值进行对比，脱硝效率随反应器入口烟气温度变化曲线如图 5-3 所示。可以看出，无论是实验还是模拟，SCR 脱硝反应器的脱硝率随温度的变化情况都是先增后降，尤其是在初始阶段（200～280℃），脱硝率几乎随温度的升高线性增加；实验与模拟都存在脱硝效率最大值点（实验 400℃，模拟 320℃），达到最大值之后，脱硝效率随温度的升高而降低。实验与模拟的最高脱硝率分别为 90.5% 和 92.45%，误差为 2.1%，表明模拟值与实验值有较好的一致性。

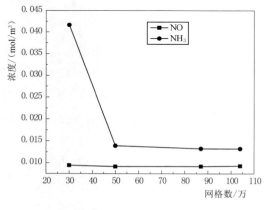

图 5-2　反应器出口 NO 和 NH₃ 浓度随
网格数量变化

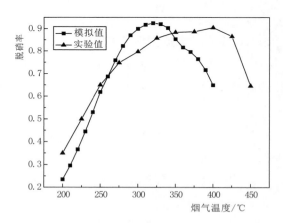

图 5-3　脱硝效率随反应器入口烟气温度
变化曲线

5.2　流场特性

5.2.1　研究对象

研究选择某 660MW 火电厂 SCR 脱硝设备。SCR 脱硝反应器的喷氨格栅示意图如图 5-4 所示，喷氨直径为 50mm，呈 7×19 排列。SCR 脱硝反应器的结构参数示意图如图 5-5 所示，整体反应器体积为 $14×26×10m^3$，阴影区域为催化剂层，为研究方便本节只考虑两层催化剂并叠加一起考虑。

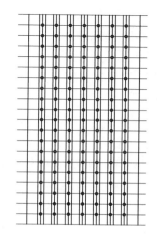

图 5-4　喷氨格栅示意图

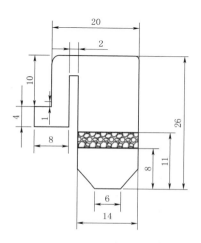

图 5-5　SCR 脱硝反应器
结构参数示意图（单位：m）

5.2.2　烟气参数

工程中锅炉主要以 BMCR、75％THA、60％THA、50％THA 四种工况运行，其运行时的烟气参数见表 5-3。其中 BMCR 工况下，烟气的流量最大，对脱硝反应器的脱硝性能影响较大，因此本研究中主要考虑 BMCR 工况下的脱硝反应器的流场分布。

表 5-3　　　　　　　　　　烟气不同工况条件下烟气参数

工　　况	BMCR	75％THA	60％THA	50％THA
烟气流量/（m³/h）	2715751	2036813	1629450	1357876
入口烟气温度/℃	384	353	346	336
入口烟气速度/（m/s）	18.86	14.15	11.32	9.43

工 况		BMCR	75%THA	60%THA	50%THA
入口烟气组分	NO_x/(mol/m³)	2.12×10^{-5}	2.22×10^{-5}	2.30×10^{-5}	2.22×10^{-5}
	O_2/(mol/m³)	5.92×10^{-4}	8.34×10^{-4}	1.06×10^{-4}	1.21×10^{-4}
	N_2/(mol/m³)	1.36×10^{-2}	1.43×10^{-2}	1.46×10^{-2}	1.48×10^{-2}
	H_2O/(mol/m³)	1.65×10^{-3}	1.63×10^{-3}	1.55×10^{-3}	1.51×10^{-3}
	CO_2/(mol/m³)	2.61×10^{-3}	2.56×10^{-3}	2.43×10^{-3}	2.34×10^{-3}
喷氨口温度/℃		320	320	320	320
喷氨口速度/(m/s)		15	12	10	8
喷氨口组分	NH_3/(mol/m³)	1.02×10^{-3}	1.02×10^{-3}	1.02×10^{-3}	1.02×10^{-3}
	O_2/(mol/m³)	1.53×10^{-2}	1.53×10^{-2}	1.53×10^{-2}	1.53×10^{-2}
	N_2/(mol/m³)	4.12×10^{-3}	4.12×10^{-3}	4.12×10^{-3}	4.12×10^{-3}

5.2.3 结果分析讨论

5.2.3.1 速度场分析

脱硝反应器内部流线分布如图 5-6 所示；催化剂层表面的速度分布云图如图 5-7 所示；催化剂层表面中心线的速度分布如图 5-8 所示。结果表明：在脱硝反应器内形成了较大的回流区，造成催化剂表面的速度分布严重不均匀，在反应器内部区域形成了较大的"死角"区域，速度接近为 0，不利于催化还原脱硝反应在催化剂层内顺利均匀的反应。

5.2.3.2 压力分布

根据火电厂烟气脱硝技术导则，脱硝反应器的内部压降不宜超过 1400Pa，因此研究脱硝反应器的压降分布具有重要的意义。

反应器内部沿程压力损失和截面压力分布如图 5-9 和图 5-10 所示。结果表明，脱硝反应器内部的压降损失主要集中在喷氨格栅、水平连接烟道以及催化剂层区域。

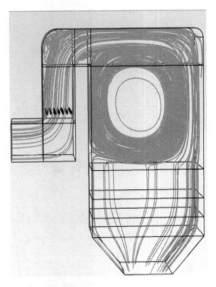

图 5-6 脱硝反应器内部流线分布

5.2.3.3 浓度分布

反应物在催化剂层表面分布的均匀性对脱硝反应器的性能具有重要的影响，因此考察改善脱硝反应器催化剂层表面的浓度分布，对提高脱硝反应器的脱硝性能有显著的作用。

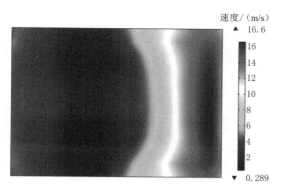

图 5-7　催化剂层表面的速度分布云图

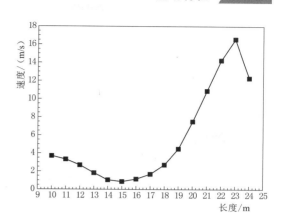

图 5-8　催化剂层表面中心线的速度分布

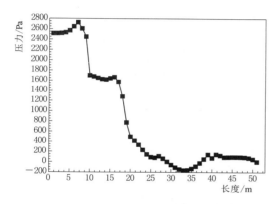

图 5-9　反应器内部沿程压力损失

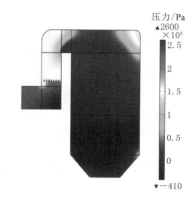

图 5-10　反应器截面压力分布

催化剂表面的氮氧化物和 NH_3 的浓度分布情况如图 5-11 和图 5-12 所示。结果表明：催化剂层表面 NO 以及 NH_3 浓度分布严重不均，在反应器贴近壁侧区域浓度较高，其中 NO 浓度最大值最小值相差 37%，NH_3 最大值最小值相差 157%，说明 NH_3 的分布急需改善，否则不利于反应的顺利均匀进行。

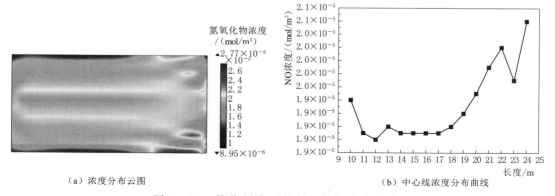

（a）浓度分布云图　　　　　　　　　　（b）中心线浓度分布曲线

图 5-11　催化剂表面的氮氧化物浓度分布

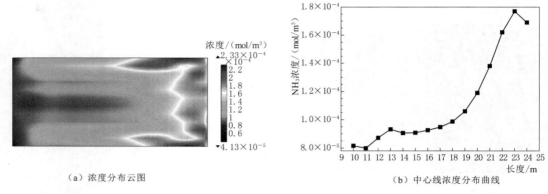

（a）浓度分布云图　　　　　　　　　　　（b）中心线浓度分布曲线

图 5-12　催化剂表面的 NH_3 浓度分布

5.3　SCR 脱硝反应器流场的优化调控

　　工程应用中，在弯道、变截面等处通常通过加装导流板的方法，来改善弯道内的速度场，导流板不仅可以减小流体流经弯道时的分离现象，还能减小流体流经弯道时所产生的二次流带来的阻力。

5.3.1　研究对象以及尺寸参数

　　为改善脱硝反应器内部流场和浓度场，在反应器内部布置以下四种导流板：弧形导流板（方案 2）、水平折形导流板（方案 3）、定间距折形导流板（方案 4）和变间距倾角折形导流板（方案 5）。无导流板反应器为方案 1。不同导流板布置如图 5-13 所示。

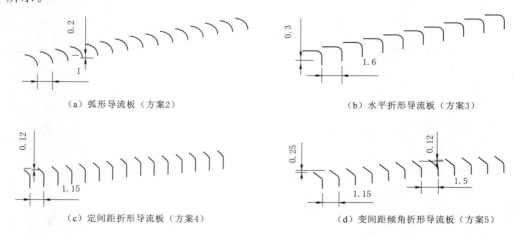

（a）弧形导流板（方案2）　　　　　　　　（b）水平折形导流板（方案3）

（c）定间距折形导流板（方案4）　　　　　　（d）变间距倾角折形导流板（方案5）

图 5-13　不同导流板布置（单位：m）

5.3.2　导流板对反应器内速度场的影响

反应器垂直和水平截面上流线分布情况如图 5-14 和图 5-15 所示。从图 5-14 可以看出，采用弧形导流板和水平折形导流板后，在反应器内部仍然存在较大的回流区，速度均匀性并未得到有效改善；而采用定间距折形导流板和变间距折形导流板能够有效调整流场分布，均匀性显著改善。尤其是采用变间距折形导流板后，流场基本呈现均匀分布。从图 5-15 可以看出，采用变间距折形导流板后，反应器水平截面上的速度不均匀性也明显被抑制。

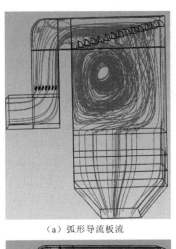

（a）弧形导流板流

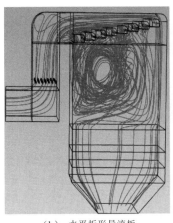

（b）　水平折形导流板

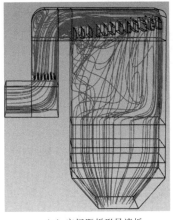

（c）定间距折形导流板

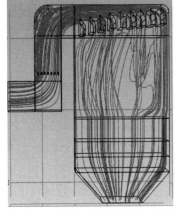

（d）变间距折形导流板

图 5-14　反应器垂直截面流线分布

为了进一步定量对比不同导流板对流场不均匀性的改善效果，催化剂层表面中心线速度分布如图 5-16 所示。从图 5-16 可以看出，增加导流板后能够改善催化剂层表面的速度分布，其中方案 5（变间距折型导流板）效果更加显著。

不同导流板速度相对均方根偏差如图 5-17 所示。从图 5-17 可以看出，无导流

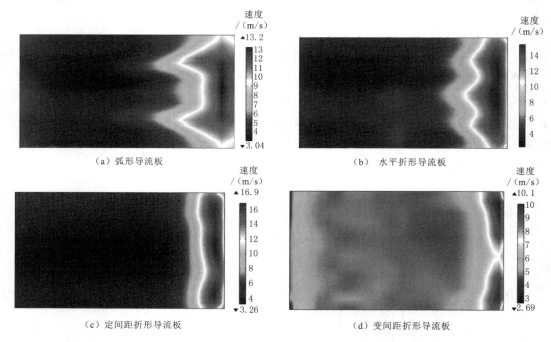

（a）弧形导流板　　　　　　　　　　　　　（b）水平折形导流板

（c）定间距折形导流板　　　　　　　　　　（d）变间距折形导流板

图 5-15　反应器水平截面流线分布

板反应器（方案 1）的速度相对均方根偏差为 1.28，变间距折形导流板（方案 5）的速度相对均方根偏差为 0.24，速度相对均方根偏差降低了 81.25%。

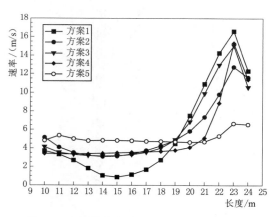

图 5-16　催化剂表面中心线速度分布

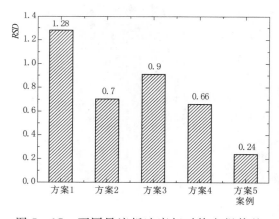

图 5-17　不同导流板速度相对均方根偏差

5.3.3　导流板对反应器内压力场的影响

不同导流板反应器内部沿程压力损失分布曲线如图 5-18 所示。从图 5-18 可以看出，反应器内部的压降主要集中在喷氨格栅、连接烟道、催化剂层三个区域；导流板改善了反应器内部的压力分布，降低了烟气流入反应器时的压力损失，同时有效减

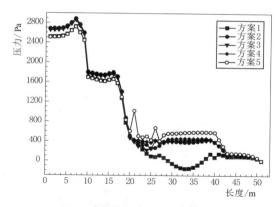

图 5-18　不同导流板反应器内部沿程压力损失

少了负压区的面积。

5.3.4　导流板对反应器内浓度场的影响

反应器水平截面上 NO_x 和 NH_3 的浓度分布情况如图 5-19 和图 5-20 所示。可以看出，方案 5 和方案 2 中的导流板能够改善催化剂层表面的 NH_3 浓度分布；但是方案 3 和方案 4 没有改善催化剂表面的 NH_3 浓度分布，其尺寸参数还需要改进。

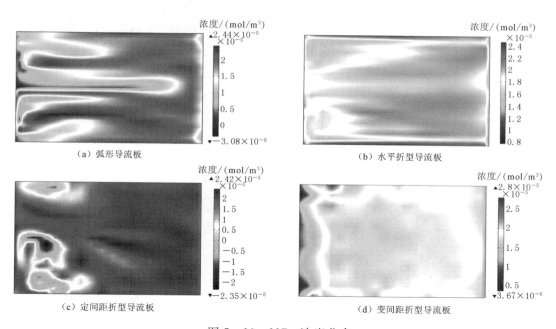

（a）弧形导流板　　　　　　　　（b）水平折型导流板

（c）定间距折型导流板　　　　　（d）变间距折型导流板

图 5-19　NO_x 浓度分布

为了进一步定量对比不同导流板对浓度场不均匀性的改善效果，催化剂表面中心线 NH_3 分布如图 5-21 所示。不同导流板反应器内 NH_3 的相对均方根偏差如图 5-22 所示。从图 5-21 和图 5-22 可以看出，变间距折型导流板（方案 5）能够有效改善 NH_3 浓度分布。

需要注意的是，增加导流板并不能一定降低 NH_3 浓度，这与导流板的尺寸密切相关，因此在进行反应器内流动均匀性优化时，需要充分考虑流场、压力场和浓度场，仅从流场调控来设计导流板不一定适用。

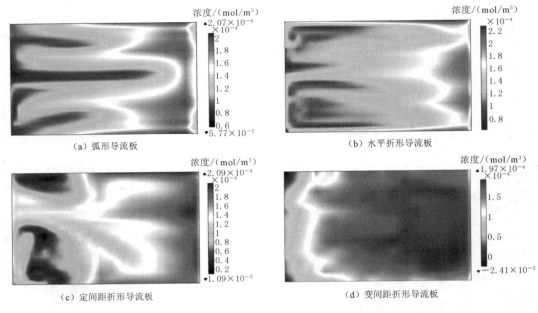

（a）弧形导流板　　　　　　　　　　（b）水平折形导流板

（c）定间距折形导流板　　　　　　　（d）变间距折形导流板

图 5-20　NH₃ 浓度分布

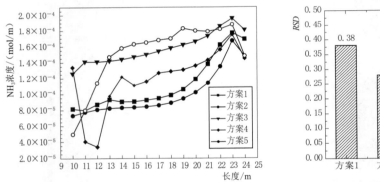

图 5-21　沿催化剂层表面中心线 NH₃ 分布

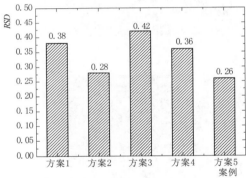

图 5-22　不同工况 NH₃ 浓度相对均方根偏差

5.4　多物理场特性研究

　　火电厂烟气 SCR 脱硝反应器的数值模拟和试验研究多为冷态的流场优化研究，主要研究催化剂表面的速度和浓度分布的均匀性，并没有对脱硝反应器的脱硝效率和氨逃逸率进行研究。为了更好地研究 SCR 脱硝反应器的脱硝效率和氨逃逸率，获得更多关于 SCR 脱硝反应器内部脱硝反应的相关信息，更加真实地展现火电厂 SCR 脱硝反应器的运行状况，本节对火电厂 SCR 脱硝反应器进行热态的数值模拟研究。

5.4.1 研究对象

脱硝反应器示意图及结构参数如图 5-23 所示,火电厂 SCR 脱硝反应器主要由烟气通道、喷氨格栅、导流板、催化剂层等组成,锅炉排放的烟气在流经烟气通道时,与喷氨格栅喷出的还原剂 NH_3 进行混合,经过导流板的导流作用进入反应器的主体结构,通过催化剂层时还原剂 NH_3 与烟气中的 NO 进行反应,完成氮氧化物的去除,达到脱硝的目的。当烟气进入反应器主体结构时,由于流体区域的扩大,烟气在反应器主体结构的流动速度降低,以利于进入催化剂层充分反应,同时有助于减少烟气对催化剂层的磨损,有利于脱硝反应器的长期稳定运行。

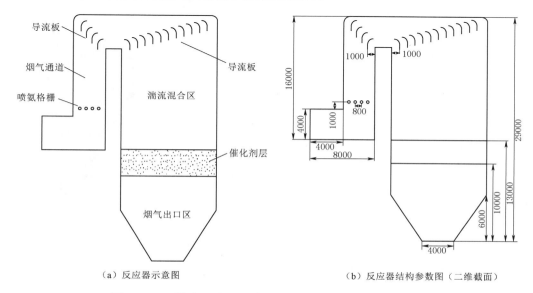

（a）反应器示意图　　　　　　　　　（b）反应器结构参数图（二维截面）

图 5-23　脱硝反应器示意图及结构参数（单位：mm）

本节选取现场运行的 SCR 脱硝反应器,截面尺寸参数如图 5-23（b）。烟气流速为 8m/s,温度为 550K,烟气密度为 $0.6098kg/m^3$,运动黏度为 $5.91 \times 10^{-5} m^2/s$,氨气喷入速度为 10m/s,温度为 325K。具体烟气各组分浓度见表 5-4。

表 5-4　　　　　　　　　　　烟气各组分浓度（体积分数）　　　　　　　　　%

N_2 浓度	CO_2 浓度	H_2O 浓度	O_2 浓度	SO_2 浓度	NO_x 浓度
0.74	0.15	0.077	0.032	0.0006	0.002

5.4.2 模型建立及网格划分

依据 SCR 脱硝反应器的结构尺寸,在 CAD 软件中建立(建模时以入口截面左下点为圆心,向上为 y 轴,向右为 x 轴,垂直纸面为 z 轴)整体模型,反应器模型如图

5-24 所示。然后选择 Z 轴方向上部分厚度模型作为计算模型。同时考虑到反应器内部结构的复杂性，建立模型时忽略了喷氨混合格栅和整流格栅等结构。根据模型的实际工况，本节选取了部分模型，同时对模型的准确性进行了验证。

　　数值模拟计算时，网格划分的方式和数量对数值结果具有重要的影响。本节经过多次实验调整，最终确定了网格划分的方式以及网格尺寸参数。对反应器入口段、湍流混合区域以及出口区域等规则区域采用 Mapped 方式划分六面体网格，并对边界区域进行了局部加密处理，同时考虑到在催化剂层附近烟气的速度以及 NO 浓度的较大变化，因此在催化剂层附近对网格进行了加密处理；喷氨格栅处以及导流板区域处由于结构的不规则性，采用四面体网格的划分方式，同时对导流板和喷氨管进行了局部加密处理。网格划分结果如图 5-25 所示。

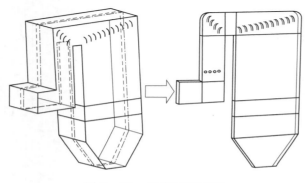 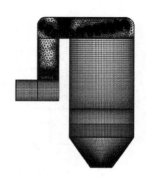

图 5-24　反应器模型图　　　　　　　图 5-25　网格划分

5.4.3　边界条件及求解参数设置

5.4.3.1　边界条件的设定

　　反应器烟气进口和氨气进口设置为速度进口 Velocity，反应器出口设置为压力出口 Pressure_out，两侧面分别为对称面 Symmetry，其余表面设置为固体壁面 Wall，四面体和六面体网格交界面设置为 Interface，整个反应器的计算区域为流体区域 Fluid（其中催化剂层为 Porous），模型边界条件的具体设定如图 5-26 所示。

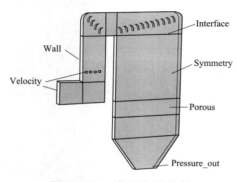

图 5-26　模型边界条件

5.4.3.2　求解参数的设置

　　本节对 SCR 脱硝反应器进行的是热态数值模拟，在研究反应器内部流动的基础上考虑了催化剂层的脱硝反应。烟气参数：烟气密度为 0.6098kg/m³，运动黏度为 5.91×10⁻⁵ m²/s。烟气进口速度设为 8m/s，氨气入口的速度为 10m/s，湍流指定方法选择湍流强度和湍流尺度，采用默认设置。

　　求解器选择分离式求解器，选择稳态计算。湍流模型选择 $k-\varepsilon$ 模型。

　　求解方法：速度压力采用 MUMPS 求解器，阻尼因子设为 0.1，其优点是稳定、支持多线程；缺点是计算速度慢、占用内存。湍动能和湍流耗散率采用 Iterative 求解器，阻尼因子设为 0.2；组分浓度采用 Direct 求解器，阻尼因子设为 0.3。求解检测残差设置 10^{-3}，同时为了判断计算的收敛程度，监测出口 NO 和 NH_3 浓度。

5.4.3.3　网格独立性考核

　　本章选择三种网格系统，考核网格划分如图 5-27 所示，网格数分别为 25 万、50万、80 万，分别对 SCR 脱硝反应器内部的流场和浓度场进行数值模拟，得到了三种不同网格系统条件下的脱硝反应器脱硝效率和氨逃逸率。由图 5-28 可以看出，50 万网格和 80 万网格计算的脱硝效率和氨逃逸率相差已经很小，50 万网格计算的脱硝效率和氨逃逸率与 80 万网格计算的结果相对误差分别为 0.1% 和 0.23%。可以认为 50万网格已经满足计算精度的要求，可以获得满足网格无关性的解，因此本节的计算模型都采用 50 万网格。

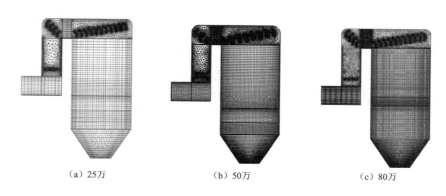

（a）25万　　　　　　　　　（b）50万　　　　　　　　　（c）80万

图 5-27　考核网格划分

　　根据模型对称性并从节约时间成本角度考虑，本节选取实际模型的一部分作为计算单元，为了说明选择计算单元的合理性，本章分别建立了厚度为 1m、2m、4m、6m、8m（整体模型）的模型，网格尺寸设置与考核网格相同，计算得到脱硝反应器的脱硝效率和氨逃逸率。计算模型尺寸考核如图 5-29 所示，厚度为 1m 的模型与整体模型所计算出的脱硝效率相对误差为 2.3%，氨逃逸率相对误差为 -6.2%，此误差在工程上是可以接受的，因此本节模型采用厚度为 1m 的计算模型。

5.4.4　结果分析与讨论

　　脱硝反应器的性能主要从脱硝效率和氨逃逸率两方面来体现。根据计算结果 NO 出口平均浓度为 $1.02 \times 10^{-3}\,mol/m^3$，$NH_3$ 出口平均浓度为 $9.24 \times 10^{-4}\,mol/m^3$，计算出脱

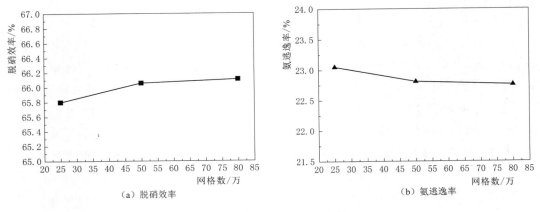

图 5 - 28   网格独立性考核

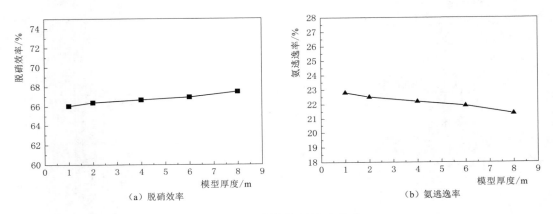

图 5 - 29   计算模型尺寸考核

硝反应器的脱硝效率为 66.06％，氨逃逸率为 22.81％。

5.4.4.1 流场分析

$Z=0.25\text{m}$ 平面的反应器速度分布如图 5 - 30 所示。$Z=0.25\text{m}$ 平面内反应器流线分布如图 5 - 31 所示。可以看出，烟气流过烟气通道与喷氨格栅喷入的还原剂 NH_3 混合后，经过导流板的导流作用进入反应器的主体结构。烟气在流动过程中由于其惯性作用，在通过折角进入烟气流道中时，流体压向一侧，在折角处形成了流动"死角"，并在烟气通道左侧形成了局部漩涡；同时烟气在经导流板进入反应器主体结构时，由于导流板的安装，使得烟气流道变窄，因此在导流板上方烟气流速较大，速度最大为 20m/s，同样因为惯性的作用，烟气压向反应器主体结构的右侧，造成在反应器内部左侧烟气流速较小，右侧烟气流速较大。当烟气进入催化剂层时，由于催化剂层的阻力作用，烟气流速逐渐降低，且分布均匀。

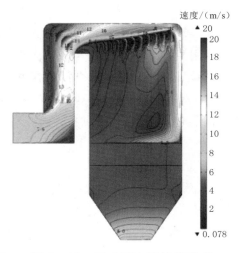
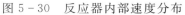
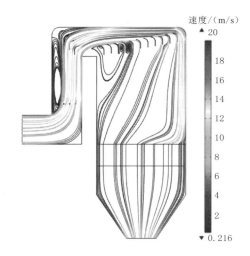

图 5-30　反应器内部速度分布　　图 5-31　反应器内部流线分布

　　催化剂层速度分布如图 5-32 所示。由图 5-32（a）催化剂层速度分布可以看出，在催化剂表面速度分布呈现左侧小右侧大的分布趋势，左侧速度最小为 2.6m/s，右侧速度最大为 3.18m/s。从图 5-32（b）可知烟气不是垂直进入催化剂层，而是呈现一定的夹角，最小入射角度为 70°，最大入射角度为 90°（垂直进入），且在反应器左侧入

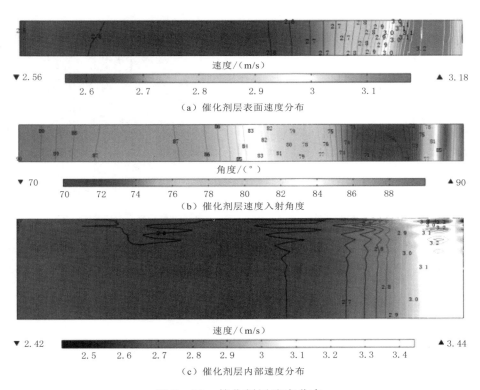

（a）催化剂层表面速度分布

（b）催化剂层速度入射角度

（c）催化剂层内部速度分布

图 5-32　催化剂层速度分布

射角度较大，在靠近右侧壁面处入射角度较小，而贴近壁面处入射角度较大。这是烟气进入反应器主体结构时，由于惯性的作用在右侧速度分布较大，当进入催化剂层时，压力突然增大，迫使流体改变了方向，以一定的入射角进入催化剂层。由图 5-32（c）可以看出，烟气是以一定的倾斜角度进入催化剂层，由于催化剂层的各向异性特性，横向阻力远大于纵向阻力，速度在横向方向上减小较为明显，最终只有纵向速度，这也是速度等值线在催化剂层呈现一定横向波动特征的具体原因。

5.4.4.2 温度场和压力场分析

　　SCR 脱硝反应器内部压力分布和温度分布如图 5-33 和图 5-34 所示。由图 5-33 脱硝反应器内压力分布可以看出，在反应器入口处压力分布较大，随着烟气进入反应器主体结构，随着流体区域的扩大，烟气的速度降低，压力降低到 250Pa 左右。反应器整体的压力损失主要集中在催化剂层，反应器整体结构的压降为 367Pa，催化剂层的压降约为 260Pa，约占整体压降的 70.84%。由图 5-34 反应器内部温度分布可以看出，烟气（温度 550K）在烟气流道内与喷氨格栅喷出的氨气（温度 325K）混合后逐步趋向温度均匀，但是在烟气流道左侧由于局部漩涡的存在，左侧喷氨格栅的喷氨没有能和主体烟气充分混合，因此温度较低，且沿着反应器结构的侧壁进入反应器主体结构，造成反应器主体结构内部温度呈现左侧温度较高，而右侧温度较低的分布状态。

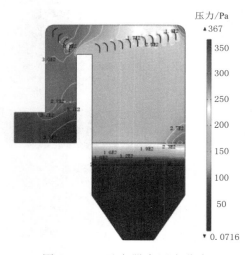

图 5-33　反应器内压力分布

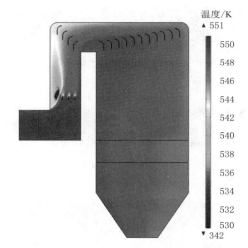

图 5-34　反应器内部温度分布

　　催化剂表面温度分布如图 5-35 所示。由图 5-35（a）催化剂纵平面温度分布可以看出，烟气在催化剂表面的温度分布呈现左侧大右侧小的分布状态；左侧温度最大值为 549K，右侧温度最小值为 546K，相差约为 3K。由图 5-35（b）催化剂横表面温度分布可以看出，整个催化剂内部也是呈现左侧温度较大右侧温度分布较低的状态，且催化剂层内温度变化较为均匀。

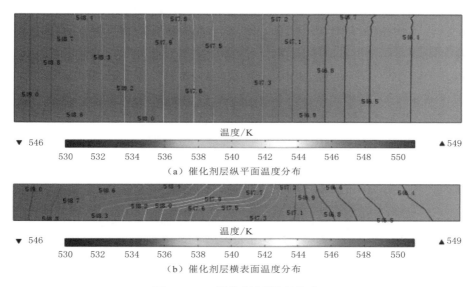

（a）催化剂层纵平面温度分布

（b）催化剂层横表面温度分布

图 5-35　催化剂层温度分布

5.4.4.3　催化剂层浓度场分析

催化剂表面 NH_3 浓度分布如图 5-36 所示。从图 5-36（a）催化剂表面 NH_3 浓度分布图可以看出，催化剂表面的 NH_3 浓度在反应器右侧较高，最高值达到 $0.02mol/m^3$，在反应器左侧分布浓度较低，最低值接近为 $0mol/m^3$，说明还原剂 NH_3 没有扩散混合到反应器结构的左侧，这是因为烟气与氨气混合的过程主要是沿反应器的外侧壁流动，因此在反应器的右侧分布较高也较为均匀。从图 5-36（b）催化剂纵面 NH_3 浓度分布图可以看出，烟气经过催化剂层时，NH_3 的浓度逐渐降低，而

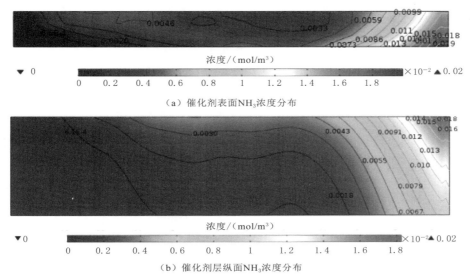

（a）催化剂表面 NH_3 浓度分布

（b）催化剂层纵面 NH_3 浓度分布

图 5-36　催化剂层 NH_3 浓度分布

在反应器的右侧变化较为明显，说明 NH_3 参与脱硝反应消耗，NH_3 浓度逐渐降低，同时由于右侧 NH_3 浓度分布较高，脱硝反应速率也相对较大，因此变化比较明显。

催化剂表面 NO 浓度分布如图 5-37 所示。从图 5-37（a）可知，由于 NO 在进入反应器之前是与烟气完全混合均匀的，因此在催化剂表面 NO 浓度分布较为均匀，只是在催化剂表面的左侧有局部浓度较小的区域，这是由于在催化剂的左侧烟气产生了局部的旋涡，形成的流动"死区"导致的。从图 5-37（b）可以得知，烟气经过催化剂层，NO 浓度逐渐降低，说明烟气中的 NO 逐渐被还原剂还原，在催化剂层左侧由于 NH_3 和 NO 浓度较低，几乎没有反应发生，有一部分 NO 没有反应直接流过催化剂层，这是由于 NH_3 浓度分布不均匀造成的。

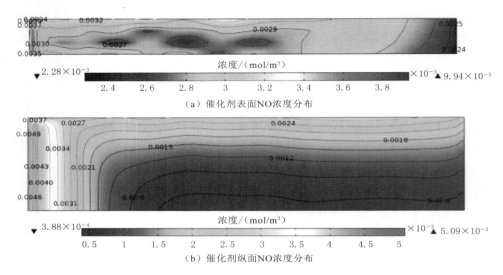

（a）催化剂表面NO浓度分布

（b）催化剂纵面NO浓度分布

图 5-37　催化剂层 NO 浓度分布

催化剂表面 $NH_3/(NO+NH_3)$ 比值分布如图 5-38 所示，催化剂纵面总反应速率分布如图 5-39 所示。从图 5-38 催化剂表面比值分布可以看出，催化剂层表面中间大部分区域比值为 0.5 左右，即 NH_3：NO 约为 1：1 左右，而在催化剂层表面的左侧 NH_3 所占的比例较小，在催化剂表面的右侧 NH_3 所占的比例较高，约为 0.8 左右，即 NH_3：NO 约为 4：1 左右，NH_3：NO 浓度比分布的不均匀性，也印证了图 5-39 催化剂层总反应速率的分布情况，在反应器的左侧 NH_3 浓度分布较低，导致反应速率较低，而在反应器的右侧浓度分布较高反应速率分布较高，且变化较为明显。

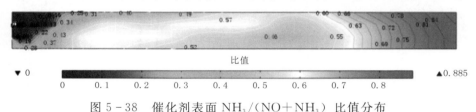

图 5-38　催化剂表面 $NH_3/(NO+NH_3)$ 比值分布

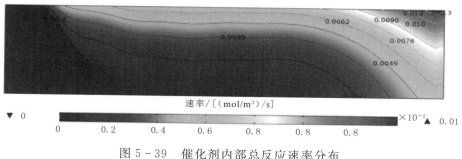

速率/[(mol/m³)/s]

▽ 0　　　　　　　　　　　　　　　　　　　　　×10⁻²　▲ 0.01

0　　0.2　　0.4　　0.6　　0.8　　0.8　　0.8

图 5-39　催化剂内部总反应速率分布

5.5　物理场均匀性研究

由于 SCR 脱硝反应装置涉及流动、传热、组分输运以及化学反应，大部分学者进行数值模拟研究脱硝装置时没有考虑化学反应。本节通过多物理场耦合软件在考虑化学反应条件下，对不同导流板结构的 SCR 反应器内部流场和温度场的均匀性进行了研究，并考察了脱硝装置的脱硝效率和氨逃逸率。

5.5.1　物理模型

以某厂新建 600MW 火电机组配套下冲火焰 W 型无烟煤燃烧锅炉为研究对象。以纯氨作为还原剂，可以计算出 SCR 反应器长 12.9m，宽 15.6m，高 13.24m，反应器中催化剂设置为 2+1 层。二维 SCR 几何模型以及导流板结构图如图 5-40 所示。

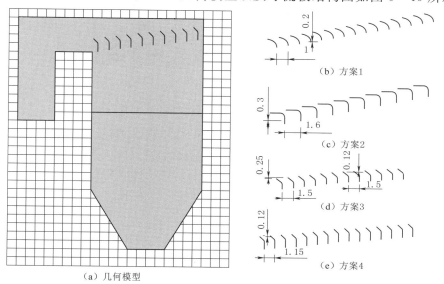

图 5-40　二维 SCR 几何模型以及导流板结构图（单位：m）

SCR 烟气设计参数见表 5-5。

表 5-5 　　　　　　　　　　　　 **SCR 烟 气 设 计 参 数**

项　　目	BMCR	100%THA	50%THA
气体流量/(m³/h)	2042077	1859714	1039437
温度/℃	393	382	325
O_2/%	4.9	4.9	4.9
NO_x/(mg/m³)	1300	1300	1300
压力/Pa	-1015	-1015	-1015

研究中考虑到烟气和氨气混合的流速远小于音速，认为烟气是不可压缩的，常物性流体。烟气和氨气入口采用速度进口边界条件，速度大小分别为 4m/s 和 6m/s，温度分别为 350℃和 50℃。出口设置为压力出口，相对压力设置为 0，其余壁面采用无滑移绝热壁面边界条件。由于烟气进口雷诺数约 3.2×10^5，远大于 2000，因此流体流动选用 $k-\varepsilon$ 模型。

5.5.2　评价指标

国内外有关气体流速的分布均匀性评价主要有以下几种标准：美国 RMS 标准、美国 IGCI 标准、瑞士 ELEX 标准、苏联 M 标准，以及我国武汉冶金安全技术所 K 标准等。比较常用的为相对均方根（RMS）法，该标准用速度分布偏差系数 C_V 来衡量气流速度分布均匀性，其表达式为

$$C_v = \frac{\delta}{\bar{x}} \times 100\% \qquad (5-33)$$

$$\delta = \sqrt{\frac{1}{n-1}\sum_{i=1}^{n}(x_i-\bar{x})^2} \qquad (5-34)$$

$$\bar{x} = \frac{1}{n}\sum_{i=1}^{n}x_i \qquad (5-35)$$

式中　　C_v——某物理量的不均匀度；

　　　　δ——某物理量的标准偏差；

　　　　$\bar{x}$——某物理量的平均值。

典型的 SCR 脱硝装置入口正常允许偏差规定为 $C_v<25\%$ 时，烟气速度分布合格；$C_v<20\%$ 时，烟气速度分布良好；$C_v<15\%$ 时为优秀。一般来说，高效 SCR 脱硝系统要求催化剂截面入口烟气流速分布偏差要小于 15%。

5.5.3 模拟结果及分析

5.5.3.1 速度分布

不同导流板结构下反应器内部速度分布云图和催化剂表面速度分布如图 5-41 和图 5-42 所示。可以看出，烟气在进入反应器后由于惯性的作用，由近壁侧到远壁侧速度先增大后减小，在反应器靠近右侧壁处速度达到最高，最高为 5.3m/s，左壁侧处速度分布较小，最低为 0.76m/s。烟气在进入催化剂层表面时由于催化剂层阻力的存在，在催化剂的上方空间产生了漩涡，形成了速度较低的区域，其中方案 1 和方案 2 相对于方案 3 和方案 4 更加明显。

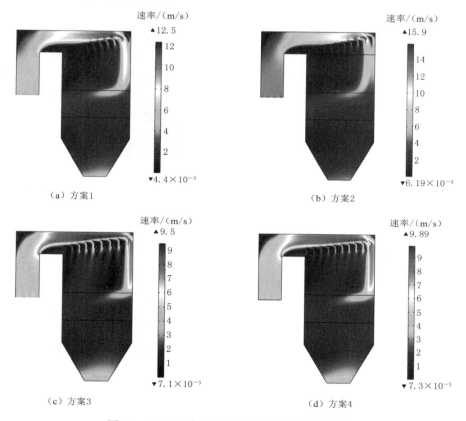

（a）方案1　　　　　　　　　　　（b）方案2

（c）方案3　　　　　　　　　　　（d）方案4

图 5-41　不同导流板结构反应器速度分布

四种不同导流板催化剂层表面速度分布相对均方根偏差（RSD）如图 5-43 所示。可以看出，方案 3（即变间距折圆形挡流板）相对均方根偏差值最小，为 0.54，说明变间距折圆形挡流板相对于其他几种挡流板对反应器内部速度的改善效果较为显著。

5.5.3.2 浓度分布

催化剂表面的反应物浓度的分布均匀性会对脱硝反应产生重要的影响，好的导流板结构应改善反应物浓度在催化剂表面的分布。烟气入口速度为催化剂表面氮氧化物

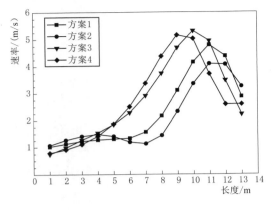

图 5-42　催化剂表面速度分布

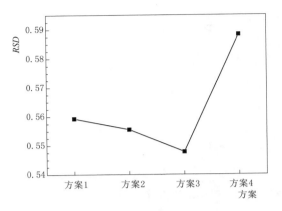

图 5-43　不同挡流板催化剂速度分布
相对均方根偏差

和氨气浓度分布示意图如图 5-44 和图 5-45 所示。从图中可以看出：氮氧化物和氨气浓度在催化剂层表面的速度分布状况相似，在反应器的近壁侧浓度值偏低，远离壁侧的浓度值分布相对较高。这主要是由于速度在近壁侧的分布较小，反应相对于内部比较充分。

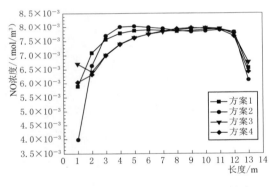

图 5-44　催化剂表面氮氧化物浓度分布

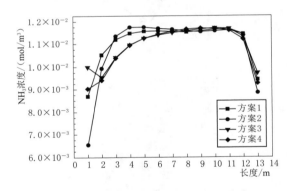

图 5-45　催化剂表面氨气浓度分布

不同导流板结构下氮氧化物与氨气在催化剂层速度分布的相对均方根偏差如图 5-46 所示，从图中可以看出，方案 1（即圆形导流板）对催化剂表面层的浓度分布具有明显的改善效果。

5.5.3.3　反应速率和反应热

脱硝反应主要发生在反应器的催化剂层，因此催化剂层表面的速度以及浓度分布的均匀性，对催化剂层内部的反应具有重要的影响。

脱硝反应速率分布以及反应热分布如图 5-47 所示，不同导流板结构下催化剂层反应速率在中间部位反应速度较大，在近壁侧处反应速度较小，这主要是因为在中间烟气中氮氧化物与氨气浓度较大，反应更加剧烈；沿烟气流动方向，脱硝反应速率逐

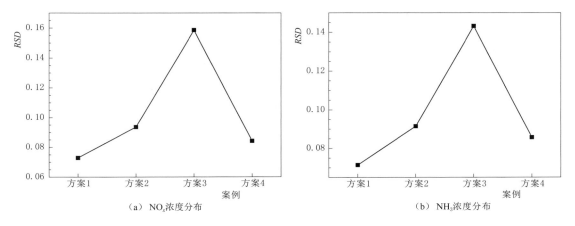

（a）NO$_x$浓度分布　　　　　　　　　　（b）NH$_3$浓度分布

图 5-46　相对均方根偏差

渐降低，这是因为随着反应的进行，沿流动方向反应物的浓度也逐步降低；同时与此对应的反应热也呈现类似分布。由于不同导流板结构对反应器内部速度以及反应物浓度改善效果的不同，催化剂反应的状态也不同。由图可以看出，其方案 3 和方案 4 反应速率比较大的区域要明显好于方案 1 和方案 2，说明相对应的导流板更有利于脱硝反应的进行。

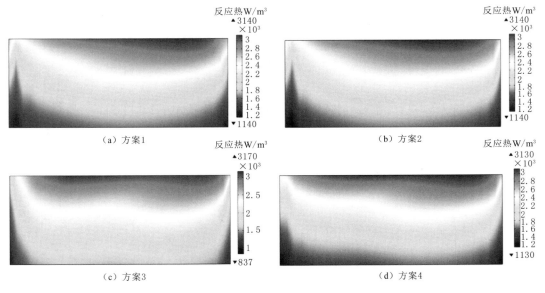

（a）方案1　　　　　　　　　　　　　　（b）方案2

（c）方案3　　　　　　　　　　　　　　（d）方案4

图 5-47　脱硝反应热分布

5.5.3.4　脱硝性能

脱硝反应器的性能主要体现在较高的脱硝效率以及较低的氨逃逸率。四种不同导流板结构下脱硝反应器所对应的 NO 以及 NH$_3$ 进出口浓度见表 5-6。由表中可以看出，在反应物进口浓度相同的条件下，case 3（变间距折圆形导流板）氮氧化物和氨气的出口浓度较低，说明 case 3（变间距折圆形导流板）工况下，脱硝反应器具有较高的脱硝效率。

表 5 - 6　　　　　　　　　　脱硝反应器反应物进出口浓度

工况	NO 进出口浓度		NH_3 进出口浓度	
方案 1	0.01	0.0043	0.055	0.00698
方案 2	0.01	0.0036	0.055	0.00667
方案 3	0.01	0.0021	0.055	0.00463
方案 4	0.01	0.0023	0.055	0.00514

SCR 脱硝反应器催化剂床层的仿真优化

  催化剂是火电厂 SCR 脱硝反应器的核心部分，其性能好坏直接影响着脱硝反应器的脱硝性能，为了分析操作参数以及催化剂结构参数对反应器的脱硝性能的影响，本章首先对催化剂层的烟气参数（温度、氨氮比、烟气速度）和结构参数（催化剂层长度）进行单因素分析，通过单因素分析确定了对催化剂层脱硝效率和氨逃逸率影响较大的参数，然后进行多目标优化分析，最后得到最佳的组合参数。

6.1　模型介绍

6.1.1　研究对象

  催化剂结构示意图如图 6-1 所示。催化剂层截面如图 6-1（a）所示，由于蜂窝状催化剂结构具有比表面积大、催化活性高（相同催化活性物质比其他催化剂结构催化活性高 50%～70%）、催化剂再生仍保持活性等特点，因此在蜂窝状催化剂结构在火电厂 SCR 脱硝反应器中得到广泛运用。催化剂中烟气的参数（温度、氨氮比、烟气速度、催化剂层长度）会对脱硝反应器的整体性能有直接影响，催化剂整体的优化目标为较高的脱硝效率、较低的氨逃逸率以及较低的压降。如图 6-1（b）所示，本节

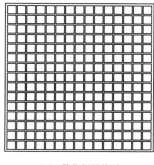
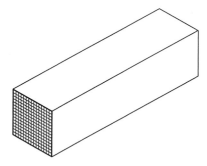

（a）催化剂层截面　　　　　　　　　　（b）催化剂多孔道结构

图 6-1　催化剂结构示意图

以单块催化剂多孔道模型为研究对象，催化剂孔道尺寸为 9.2mm×9.2mm，催化剂壁厚为 1.2mm，单块催化剂的孔数为 17×17 个，催化剂的长度尺寸为 600mm，孔隙率为 0.8。

6.1.2 控制方程

流体流动

催化剂层内烟气的流动通过达西定律进行描述，其控制方程为

$$\nabla \cdot (\rho \vec{u}) = 0 \qquad (6-1)$$

$$\vec{u} = -\frac{k}{\mu} \nabla P \qquad (6-2)$$

能量方程为

$$\rho_L C_{pL} \vec{u} \cdot \nabla T = \nabla \cdot (k_{eq} \nabla T) + Q \qquad (6-3)$$

物质扩散方程为

$$\nabla \cdot (-D_i \nabla c_i) + \vec{u} \cdot \nabla c_i = R_i \qquad (6-4)$$

6.2 操作参数对反应器脱硝性能的影响

本节主要研究烟气速度、反应温度、氨氮比对催化剂层的脱硝性能影响，以下模拟计算均是保持其余参数不变，改变相关参数来考察相关参数对催化剂层脱硝性能的影响。

6.2.1 烟气速度

改变烟气进口的速度，分别取烟气进口速度为 1.5m/s、2m/s、2.5m/s、3m/s 和 3.5m/s，得到不同烟气进口速度下的脱硝效率、氨逃逸率以及压降变化，如图 6-2 所示。由图 6-2 可以看出，随着烟气流速的增加，脱硝效率逐渐减小；氨逃逸率逐渐增加；对应的压力损失逐渐增大。这是因为在一定的氨氮比、反应温度、催化剂高度条件下，随着烟气速度的增加，烟气中 NO 在催化剂层的停留时间变短，没有足够的时间和还原剂 NH$_3$ 完全反应，所以才会导致脱硝效率逐渐下降和氨的逃逸率逐步增加。由达西定律可知，随着烟气进口速度的增加，催化剂对烟气所造成的阻力也会增大，因此催化剂层的压降也逐渐增大。

由以上可以看出，烟气流速对催化剂层的脱硝性能有显著的影响。当烟气速度从 1.5m/s 增加到 3.5m/s 时，对应的催化剂层脱硝效率由 77.88% 下降到 60.67%，氨的逃逸率由 1.27% 增加到 21.99%，压力损失由 253Pa 增加到 591Pa。因此，在实际情况允许的条件下，适当降低烟气的流速能较好地提高催化剂层的脱硝效率和降低氨逃

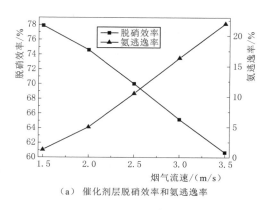

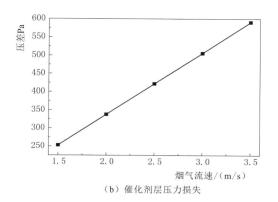

（a）催化剂层脱硝效率和氨逃逸率　　　（b）催化剂层压力损失

图 6-2　不同烟气进口速度下的考核指标

逸率，同时会减少催化剂层的压力损失，有利于催化剂层的长期、稳定、高效运行。

6.2.2　烟气温度

改变烟气温度，分别取烟气温度为 520K、530K、540K、550K、560K 和 570K，得到不同烟气进口速度下的脱硝效率和氨逃逸率，如图 6-3 所示。由图 6-3 可以看出，随着烟气温度的增加，脱硝效率先逐渐增加然后逐渐减少，在烟气温度为 550K 时，脱硝效率达到最大，最大值为 70.01%；氨逃逸率随着烟气温度的增加逐渐降低，当烟气温度达到 550K 以后，氨逃逸率变化逐渐不明显。在烟气温度 550K 以后，虽然脱硝效率下降，氨逃逸率却变化不明显的原因是随着温度的增加，超过 550K 脱硝反应速率急剧下降，但是 NH_3 的氧化反应加快。

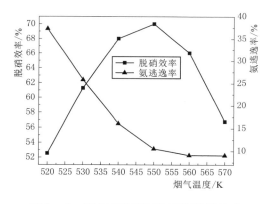

图 6-3　不同烟气温度下的脱硝效率
和氨逃效率

由以上可知，合适的温度“窗口”对催化剂层的脱硝性能具有重要意义。当烟气温度在 550K 以下时，脱硝效率较低、氨逃逸率较高；当烟气温度超过 550K 时，NH_3 的氧化速率加快，但是脱硝效率下降，造成还原剂 NH_3 的浪费。因此，为提高催化剂层的脱硝性能必须保证催化剂在合适的温度区间。

6.2.3　氨氮比

改变烟气中氨氮比，分别取氨氮比为 0.9、1.0、1.1、1.2、1.3 和 1.4，得到不同烟气温度下催化剂层的脱硝效率和氨逃逸率，如图 6-4 所示。由图 6-4 可以看出，

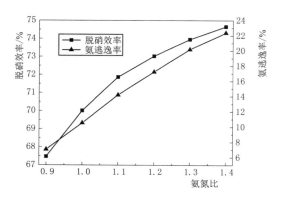

图 6-4 不同氨氮比下的脱硝效率和氨逃逸率

随着氨氮比的增加，催化剂层的脱硝效率和氨逃逸率都在逐渐增加。这是因为脱硝反应理论化学摩尔浓度比为 1:1，氨氮比为 0.9 时，氨氮比还没有达到理论值，一部分 NO 并没有在理想情况下反应，所以脱硝效率较低，相应地由于氨的浓度较低，在反应后氨的浓度降低，对应的氨逃逸率也较低。随着氨氮比的增加，反应的转化率逐渐增加，脱硝效率逐渐增加，相应地由于氨浓度的增加，氨逃逸率也逐步增加。

由以上可知，提高氨氮比对提高催化剂层的脱硝效率具有很好的效果，但是氨的逃逸率也逐渐增加。氨氮比从 0.9 增加到 1.2，催化剂层的脱硝效率由 67.47％增加到 74.66％，同时氨逃逸率由 7.05％增加到 22.37％。在反应温度、烟气速度、催化剂高度条件一定的情况下，选择合理的氨氮比，才能保证较高脱硝效率和较低的氨逃逸率。

6.3 催化剂结构参数对催化剂脱硝性能的影响

本节主要研究催化剂层长度对催化剂层脱硝性能的影响，以下模拟计算均是保持其他参数不变，改变催化剂层长度研究其对催化剂层脱硝性能的影响。

改变催化剂层长度，分别取为 1.6m、1.8m、2.0m、2.2m 和 2.4m，得到不同烟气温度下催化剂层的脱硝效率、氨逃逸率和压降变化，如图 6-5 所示。由图 6-5 可以得到，随着催化剂长度的增加，脱硝效率逐渐增大，氨逃逸率逐渐降低，同时压力损失也逐渐增大。这是由于随着催化剂长度的增加，在反应温度、烟气进口速度、氨

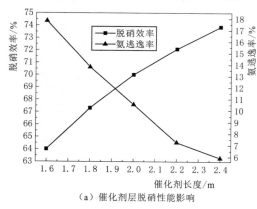

（a）催化剂层脱硝性能影响

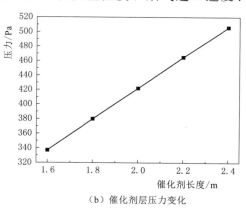

（b）催化剂层压力变化

图 6-5 不同催化剂层高度催化剂层考核指标

氨比一定的条件下，烟气和还原剂氨气在催化剂层的停留时间越长，有利于脱硝反应的充分进行。

由以上可知，催化剂层长度对催化剂层脱硝性能有着重要的影响。在催化剂层长度由 1.6m 增加到 2.4m 时，催化剂层脱硝效率由 64.01% 提高到 73.89%；氨逃逸率由 17.82% 降低到 5.91%；压力损失由 337Pa 增加到 506Pa。因此，在反应温度、烟气进口速度、氨氮比一定的条件下，适当提高催化剂层的长度有助于提高脱硝反应器的脱硝效率和降低氨逃逸率，但是随着催化剂层长度的增加，催化剂层的压力损失也逐渐增大，不利于脱硝效率的稳定运行，合适的催化剂高度能有效提高脱硝反应器的脱硝性能。

6.4　催化剂层多目标优化研究

6.4.1　多目标优化

多目标优化问题可以描述为

$$\max\left[f_1(x),f_2(x),\cdots f_m(x)\right] \quad \text{s.t.}\begin{cases}lb\leqslant x\leqslant ub\\Aeq\cdot x=beq\\A\cdot x\leqslant b\end{cases} \qquad (6-5)$$

式中　$f_i(x)$——所需要优化的目标函数；

　　　　x——优化变量；

　　lb 和 ub——变量 x 的下限和上限；

　　$Aeq\cdot x=beq$——变量 x 的线性等式约束；

　　$A\cdot x\leqslant b$——变量 x 的线性不等式约束。

6.4.2　催化剂层操作参数和结构参数的优化

本节对催化剂操作参数和结构参数进行优化，其目标函数、变量设置如下：

1. 目标函数

本节采用脱硝效率 y_1 和氨逃逸率 y_2 为目标函数，计算公式为

$$\max y_1=\frac{c_{\text{in,NO}}-c_{\text{out,NO}}}{c_{\text{in,NO}}}\times100\% \qquad (6-6)$$

$$\min y_2=\frac{c_{\text{out,NH}_3}}{c_{\text{in,NO}}\cdot x_0}\times100\% \qquad (6-7)$$

$$\max\frac{1}{y_2}=\frac{c_{\text{in,NO}}\cdot x_0}{c_{\text{out,NH}_3}}\times100\% \qquad (6-8)$$

式中　$c_{\text{in,NO}}$——烟气入口 NO 浓度；

　　　$c_{\text{out,NO}}$——烟气出口 NO 浓度；

$C_{\text{out},\text{NH}_3}$——NH$_3$ 出口浓度；

x_0——氨氮比。

同时考虑到，操作参数以及结构参数的变化会对脱硝反应器的压降产生影响，因此也把 ΔP 作为参考指标，ΔP 越小越对脱硝反应器有利，故对 ΔP 求倒数，将 $1/\Delta P$ 作为第三个目标函数，即

$$\max y_3 = \frac{1}{\Delta P} = \frac{1}{P_{\text{in}} - P_{\text{out}}} \tag{6-9}$$

2. 约束条件

根据单因素分析的结果，将具体的变量约束为

$$\begin{cases} 2\text{m/s} \leqslant v \leqslant 3\text{m/s} \\ 540\text{K} \leqslant T \leqslant 560\text{K} \\ 0.9 \leqslant x_0 \leqslant 1.3 \\ 1.8\text{m} \leqslant H \leqslant 2.2\text{m} \end{cases} \tag{6-10}$$

各设计变量范围见表 6-1。

表 6-1   各 设 计 变 量 范 围

设计变量	$v/(\text{m/s})$	T/K	x_0	H/m
初始值	2.5	545	1	2
上限值	3	560	1.3	2.2
下限值	2	540	0.9	1.8

6.4.3   优化参数设置

本节选择 Nelder-Mead 优化方法进行优化。Nelder-Mead 算法是由 Nelder 和 Mead 两位学者所提出的一种简单寻找存在几个变量目标函数局部最优解的方法，该方法利用单纯形的方式进行搜索计算（单纯形是 N 维空间的广义三角形），在三角形的每个定点对用户提供的函数进行求值，然后发现更优的点来迭代收缩单纯形。当达到预期的结果或其他终止边界条件时，该方法终止。优化残差设置为 0.01，最大迭代次数为 1000 步，同时最大目标函数设置为 1。

6.4.4   优化结果分析

运用 Nelder-Mead 优化算法总共计算了 49 组数据，优化结果见表 6-2。其中第 3 组、第 4 组和第 9 组数据具有较高的脱硝效率、较低的氨逃逸率以及较低的压降损失。通过对比可以发现第 3 组优化结果虽然获得 73.95% 的脱硝效率，但是氨逃逸率却达到 20.18%；而第 4 组优化结果虽然获得 73.09% 的脱硝效率以及 6.86% 的氨逃逸

率，但是其压降损失为485.133Pa；第9组优化结果：73.31%的脱硝效率、1.61%的氨逃逸率以及386.72Pa的压力损失，因此本文认为第9组优化结果为本次优化中的最优结果。其对应的各参数值为 $T=550.3K$、$x_0=0.93$、$L=2.3m$、$v=2.0m/s$。

表 6 - 2　　　　　　　　　　　　优　化　结　果

序号	T/K	x_0	L/m	$v/(m/s)$	$y_1/\%$	$y_2/\%$	y_3/Pa
1	550.0000	1.0000	2.000	2.500	70.01	10.53	421.855
2	550.3000	1.0000	2.000	2.500	69.98	10.44	422.016
3	550.0000	1.3000	2.000	2.500	73.95	20.18	421.855
4	550.0000	1.0000	2.300	2.500	73.09	6.86	485.133
5	550.0000	1.0000	2.000	2.800	67.10	14.05	472.477
6	550.0380	1.1500	2.038	2.538	72.55	15.51	436.232
7	550.1000	0.9000	2.100	2.600	67.64	6.80	460.724
8	550.2000	0.9500	2.200	2.250	72.54	4.18	417.743
9	550.2910	0.9273	2.291	2.000	73.31	1.61	386.716
10	550.3000	0.9250	2.300	2.326	71.72	3.40	451.602
11	550.2360	0.9690	2.124	2.428	71.20	7.06	435.262
12	550.2050	0.9536	2.186	2.392	71.56	5.61	441.322
13	550.1120	0.9632	2.260	2.415	72.31	5.39	460.440
14	550.2190	0.9000	2.235	2.320	70.40	3.24	437.485
15	550.4280	0.9000	2.291	2.016	71.85	1.33	389.830
16	550.3200	0.9000	2.258	2.000	71.85	1.38	381.101
17	550.2830	0.9000	2.257	2.163	71.25	2.15	411.983
18	550.3150	0.9000	2.268	2.084	71.59	1.71	399.005
19	550.3300	0.9000	2.274	2.045	71.75	1.51	392.460
20	550.4280	0.9000	2.257	2.040	71.67	1.56	388.807
21	550.3940	0.9000	2.266	2.030	71.74	1.48	388.305
22	550.4070	0.9000	2.270	2.000	71.85	1.34	383.232
23	550.3890	0.9000	2.269	2.018	71.80	1.41	386.513
24	550.3870	0.9000	2.271	2.012	71.83	1.38	385.614
25	550.3830	0.9000	2.274	2.000	71.87	1.32	383.948
26	550.4930	0.9000	2.299	2.011	71.86	1.28	390.247
27	550.4530	0.9000	2.300	2.015	71.87	1.29	391.173
28	550.4730	0.9000	2.299	2.011	71.87	1.28	390.237

续表

序号	T/K	x_0	L/m	$v/(m/s)$	$y_1/\%$	$y_2/\%$	y_3/Pa
29	550.4930	0.9000	2.280	2.011	71.81	1.35	386.995
30	550.4930	0.9000	2.299	2.030	71.80	1.36	393.965
31	550.4730	0.9192	2.299	2.011	72.83	1.52	390.237
32	550.4830	0.9000	2.289	2.000	71.87	1.27	386.516
33	550.4880	0.9000	2.288	2.009	71.84	1.31	387.998
34	550.4800	0.9000	2.300	2.006	71.88	1.26	389.531
35	550.4650	0.9000	2.293	2.001	71.89	1.26	387.275
36	550.4750	0.9000	2.297	2.006	71.88	1.27	389.004
37	550.4780	0.9000	2.293	2.002	71.88	1.27	387.559
38	550.4740	0.9000	2.294	2.000	71.89	1.26	387.368
39	550.4680	0.9000	2.299	2.002	71.90	1.25	388.556
40	550.4790	0.9000	2.300	2.004	71.89	1.25	389.111
41	550.4710	0.9000	2.296	2.000	71.90	1.25	387.737
42	550.4730	0.9000	2.296	2.001	71.89	1.25	387.918
43	550.4720	0.9000	2.300	2.003	71.90	1.25	388.901
44	550.4640	0.9000	2.297	2.000	71.90	1.25	387.851
45	550.4690	0.9000	2.297	2.000	71.90	1.25	387.872
46	550.4660	0.9000	2.300	2.002	71.90	1.24	388.678
47	550.4690	0.9000	2.299	2.002	71.90	1.25	388.517
48	550.4660	0.9025	2.300	2.002	72.03	1.27	388.678
49	550.4660	0.9000	2.300	2.002	71.90	1.24	388.678

　　优化前后所对应的脱硝效率、氨逃逸率以及压降损失见表 6-3。由表可以看出脱硝效率提高了 11% 左右，氨逃逸率降低 82% 左右，压力损失降低 8.4% 左右。

表 6-3　　　　　　　　　　　　　　优化值与初始值比较

名称	温度/K	氨氮比	催化剂长/m	速度/(m/s)	脱硝效率/%	氨逃逸率/%	压降/Pa
初值	560.0	1.0	2.0	2.5	66.03	9.09	422.0
终值	550.3	0.93	2.3	2.0	73.31	1.61	386.7

SCR 脱硝反应器结构定位尺寸优化研究

为了更好地研究脱硝反应器不同结构尺寸对脱硝反应器脱硝性能的影响，本章主要对脱硝反应器内部喷氨孔直径 D、导流板 1 竖直偏移量 y_1、导流板 1 安装位置 H_1，导流板 2 竖直偏移量 y_2、导流板 2 安装位置 H_2、催化剂安装位置 H_3 进行了研究，具体优化结构参数示意图如图 7-1 所示。通过研究不同结构参数对脱硝反应器脱硝效率和氨逃逸率的影响，进而选择合适的结构参数，达到提高反应器脱硝性能的目的。

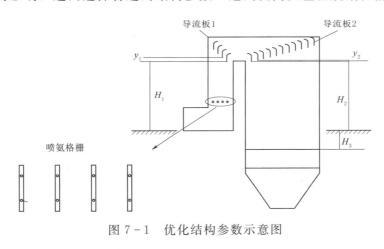

图 7-1　优化结构参数示意图

7.1　结构参数对脱硝反应器脱硝性能的影响

7.1.1　导流板 1 安装高度对脱硝性能的影响

改变导流板 1 安装高度，分别取导流板 1 安装的坐标高度 H_1 为 11.05m、11.55m、12.05m、12.55m。不同导流板 1 安装高度下的脱硝反应器的脱硝效率和氨逃逸率如图 7-2 所示。由图 7-2 可以看出，随着导流板 1 安装高度的增加，脱硝反应器的脱硝效率先升高后降低，氨的逃逸率先降低后升高。当安装高度增大到 12.0m 时，脱硝效率和氨逃逸率变化已经不明显。随着安装高度的增加，反应器内部的平均

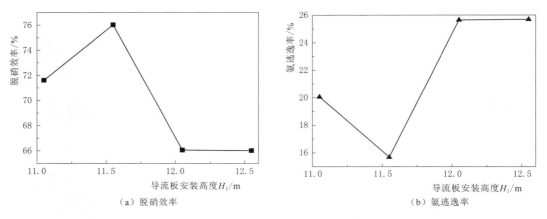

（a）脱硝效率　　　　　　　　　　（b）氨逃逸率

图7-2　导流板1不同安装位置脱硝效率和氨逃逸率

气体速度逐渐增大，导致脱硝效率逐渐下降。

　　导流板1不同安装高度下脱硝反应器 $Z=0.25$m 平面的速度分布如图7-3所示。由图7-3可以看出，随着导流板1安装高度的增加，反应器主体结构的左侧速度较大区域

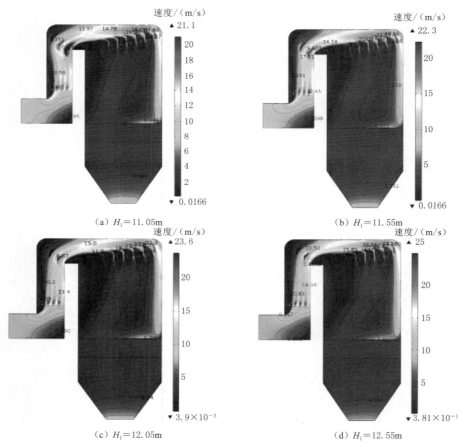

（a）$H_1=11.05$m　　　　　　　　　　（b）$H_1=11.55$m

（c）$H_1=12.05$m　　　　　　　　　　（d）$H_1=12.55$m

图7-3　导流板1不同安装位置 $Z=0.25$ 平面内速度分布

逐渐减小，在 H_1 为 12.0m 时，速度分布较为均匀，主体结构内部没有局部较大区域。随着安装高度的增加，速度最大值逐渐增大，分别为 21.3m/s、22.3m/s、23.6m/s、25m/s。

导流板 1 不同安装高度下催化剂层纵面的 NO 浓度分布如图 7-4 所示。由图 7-4 可以看出，催化剂层中 NO 浓度分布沿流动方向逐渐降低，其中在催化剂层左侧 NO 浓度分布较高，且没有降低的趋势。这是由于还原剂 NH_3 在催化剂层左侧几乎没有浓度分布，即在催化剂层的左侧没有脱硝反应的发生，因此 NO 浓度在催化剂左侧没有

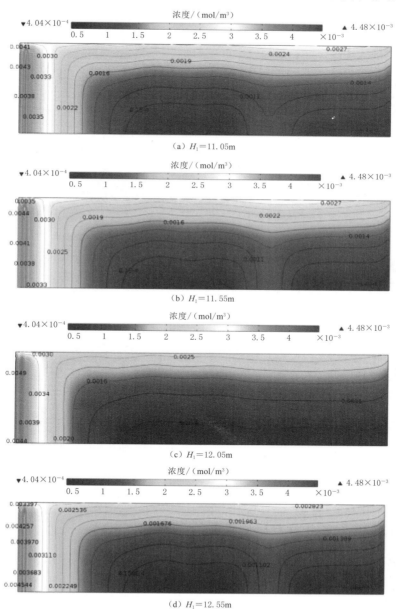

图 7-4   导流板 1 不同安装位置催化剂层纵面 NO 浓度分布

降低的趋势。由此可见，NH_3 浓度的在催化剂层的分布对 NO 浓度在催化剂层的分布有着直接的影响。

导流板 1 不同安装高度下催化剂表明 NH_3 浓度分布如图 7-5 所示。从图 7-5 中可以看出，催化剂层表面 NH_3 浓度分布整体呈现左侧小右侧大的分布趋势。中间存在局部浓度较小区域，右侧浓度最大值分别为 $2.74 \times 10^{-2} mol/m^3$、$2.64 \times 10^{-2} mol/m^3$、$2.84 \times 10^{-2} mol/m^3$、$2.67 \times 10^{-2} mol/m^3$。左侧浓度分布最小值接近为 $0 mol/m^3$，说明几乎没有 NH_3 浓度的分布。

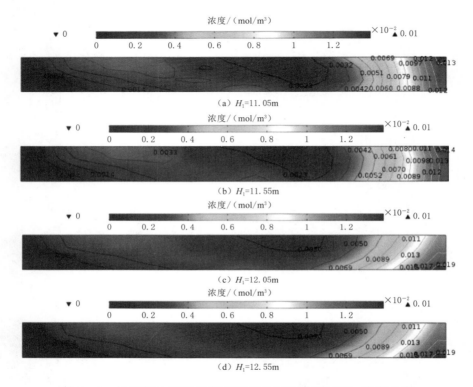

图 7-5　导流板 1 不同安装位置催化剂层表面 NH_3 浓度分布

由以上可知，合适的导流板 1 安装高度能有效提高脱硝反应器脱硝效率、并且能够降低氨逃逸率；但是在实际运行时，导流板 1 安装高度受到反应器尺寸（烟气通道尺寸）的制约，因此合理的优化选择十分重要。

7.1.2　导流板 2 安装高度对脱硝性能的影响

改变导流板 2 安装高度，分别取导流板 2 安装的坐标高度 H_2 为 11.05m、11.55m、12.05m、12.55m。不同导流板 2 安装高度下的脱硝反应器的脱硝效率和氨逃逸率如图 7-6 所示。由图 7-6 可以看出，随着安装高度的增加，脱硝反应器的脱硝效率逐渐降低，氨的逃逸率逐渐增加，且当安装高度增大到 12.55m 时，脱硝效率和氨逃逸率变化已经不明显。随着安装高度的增加，反应器内部的平均气体速度逐渐增大，导致脱硝效率逐渐下降。

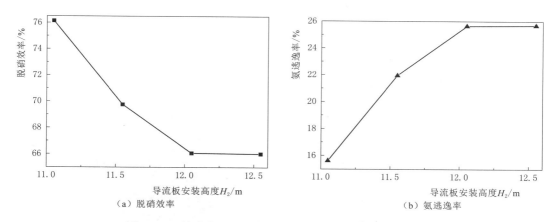

（a）脱硝效率　　　　　　　　　　　　　　（b）氨逃逸率

图7-6　导流板2不同安装位置脱硝效率和氨逃逸率

导流板2不同安装高度下脱硝反应器 $Z = 0.25m$ 平面的速度分布如图7-7所示。

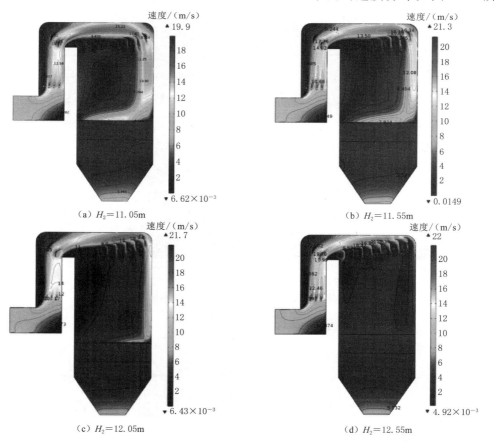

（a） $H_2 = 11.05m$ 　　　　　　　　　　　　（b） $H_2 = 11.55m$

（c） $H_2 = 12.05m$ 　　　　　　　　　　　　（d） $H_2 = 12.55m$

图7-7　导流板2不同安装位置 $Z = 0.25$ 平面内速度分布

由图 7−7 可以看出，随着导流板 2 安装高度的增加，反应器主体结构的左侧速度较大区域逐渐减小。在 H_2 为 12.55m 时，速度分布较为均匀，主体结构内部没有局部较大区域。随着安装高度的增加，速度最大值逐渐增大，分别为 19.9m/s、21.3m/s、21.7m/s、22m/s。

导流板 2 不同安装高度下催化剂层纵面的 NO 浓度分布如图 7−8 所示。由图 7−8 可以看出，催化剂层中 NO 浓度分布沿流动方向逐渐降低，其中在催化剂层左侧 NO

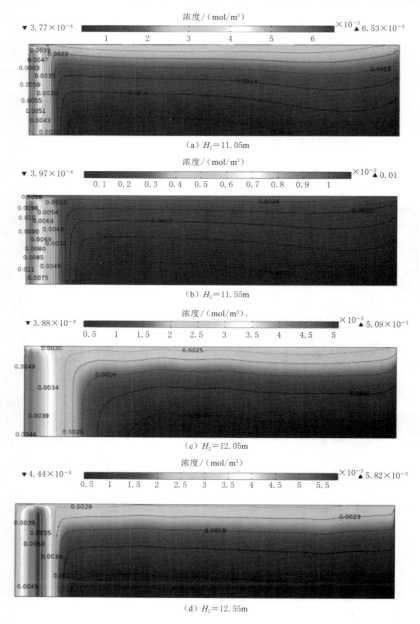

图 7−8 导流板 2 不同安装位置催化剂层纵面 NO 浓度分布

浓度分布较高，且没有降低的趋势。这是由于还原剂 NH_3 在催化剂层左侧几乎没有浓度分布，也即在催化剂层的左侧没有脱硝反应的发生。由此可见，NH_3 浓度的在催化剂层的分布对 NO 浓度在催化剂层的分布有着直接的影响。

导流板 2 不同安装高度下催化剂表明 NH_3 浓度分布如图 7-9 所示。从图 7-9 中可以看出，催化剂层表面 NH_3 浓度分布整体呈现左侧小右侧大的分布趋势，中间存在局部浓度较小区域，右侧浓度最大值分别为 $3.01 \times 10^{-2} mol/m^3$、$3.03 \times 10^{-2} mol/m^3$、$2.8 \times 10^{-2} mol/m^3$、$2.86 \times 10^{-2} mol/m^3$，左侧浓度分布最小值接近为 $0 mol/m^3$，说明几乎没有 NH_3 浓度的分布。

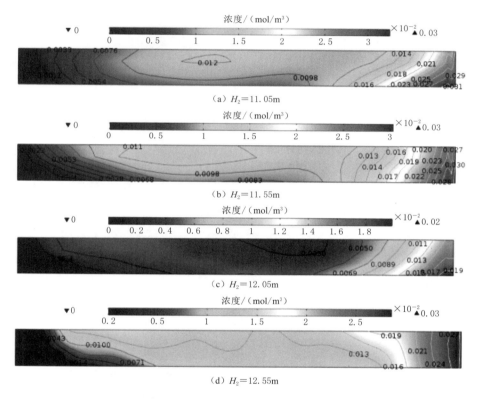

图 7-9　导流板 2 不同安装位置催化剂层表面 NH_3 浓度分布

由以上可知，降低导流板 2 的安装高度能有效提高脱硝反应器脱硝效率、并且能够降低氨逃逸率。但是在实际运行时，导流板 2 安装高度不可能无限降低，导流板安装高度太低会影响其他设备（整流格栅）的安装和运行。

7.1.3　不同喷氨孔直径对脱硝性能的影响

改变喷氨格栅喷氨孔直径，分别取喷氨孔的直径 D 为 30mm、40mm、50mm、60mm、70mm，得到了不同喷氨孔直径下的脱硝反应器的脱硝效率和氨逃逸率，如图

7-10 所示。从图 7-10 中可以看出，随着喷氨孔直径由 30mm 逐渐增加到 70mm，反应器的脱硝效率由 66.06％增加逐渐增加到 71.71％，当喷氨孔直径增加到 60mm 时，脱硝效率和氨逃逸率变化已经不明显。

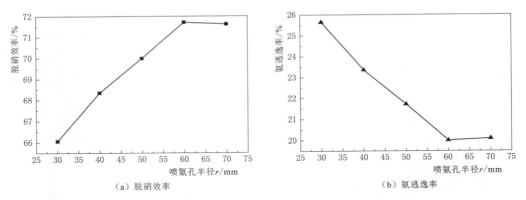

（a）脱硝效率　　　　　　　　　　（b）氨逃逸率

图 7-10　水同喷氨孔直径脱硝反应器脱硝效率和氨逃逸率

不同喷氨孔直径条件下，反应器 $Z=0.25$m 平面内速度分布如图 7-11 所示。从

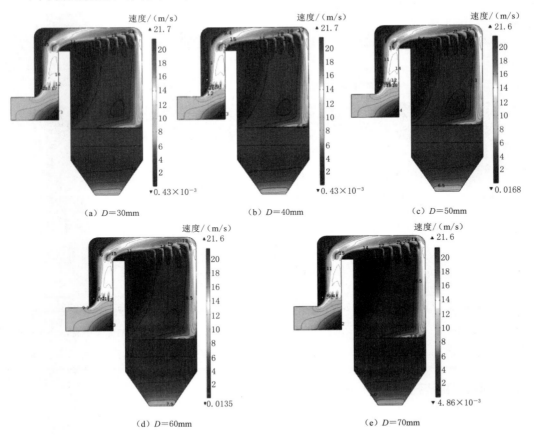

图 7-11　不同喷氨孔直径 $Z=0.25$ 平面速度分布

图7-11可以看出，随着喷氨孔直径的增加，反应器内速度分布相同，都是在导流板2上方以及反应器主体结构左侧存在速度较大区域，其最大速度约为21.6m/s，这是由于采用等流量的方法，改变喷氨孔直径，虽然相应的喷氨速度会发生变化，但是因为喷氨的流量要远远小于烟气的流量，所以喷氨速度的变化对反应器整体速度分布影响不大。

不同喷氨孔直径条件下，催化剂层NO浓度分布如图7-12所示。从图7-12中可以看出，催化剂层中NO浓度分布逐渐降低，其中在催化剂层左侧NO浓度分布较高，且没有降低的趋势，这是由于还原剂NH_3在催化剂层左侧几乎没有浓度分布，即在催化剂层的左侧没有脱硝反应的发生。由此可见，NH_3浓度的在催化剂层的分布对NO浓度在催化剂层的分布有着直接的影响。

不同喷氨孔直径下催化剂层表面NH_3浓度分布如图7-13所示。从图7-13中可以看出，催化剂层表面NH_3浓度分布整体呈现左侧小右侧大的分布趋势，中间存在局部浓度较小区域，右侧浓度最大值分别为$1.0 \times 10^{-2} \, mol/m^3$、$2.0 \times 10^{-2} \, mol/m^3$、

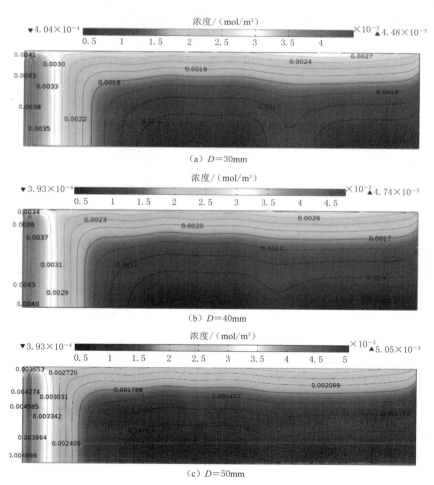

（a）$D=30mm$

（b）$D=40mm$

（c）$D=50mm$

图7-12（一）　不同喷氨孔直径催化剂层纵面NO浓度分布

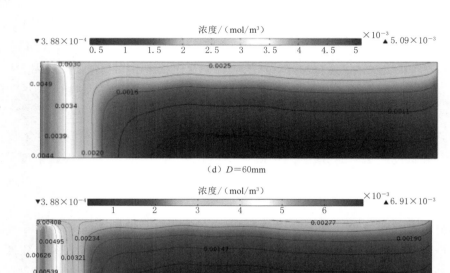

（d）$D=60mm$

（e）$D=70mm$

图7-12（二） 不同喷氨孔直径催化剂层纵面NO浓度分布

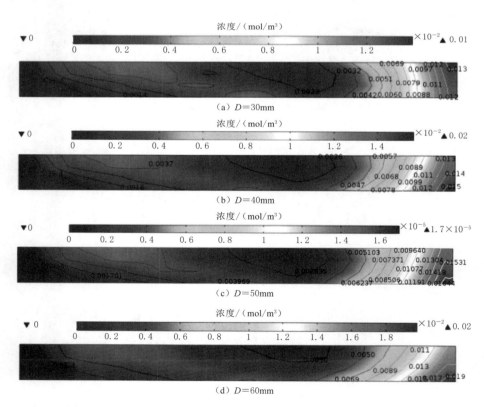

（a）$D=30mm$

（b）$D=40mm$

（c）$D=50mm$

（d）$D=60mm$

图7-13（一） 不同喷氨孔直径催化剂层表面NH_3浓度分布

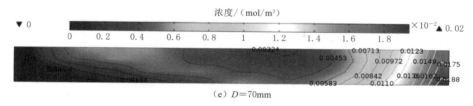

浓度/（mol/m³）

（e）$D=70mm$

图 7-13（二）　不同喷氨孔直径催化剂层表面 NH_3 浓度分布

$1.94\times10^{-2}mol/m^3$、$1.98\times10^{-2}mol/m^3$，左侧浓度分布最小值接近为 $0mol/m^3$，说明几乎没有 NH_3 浓度的分布，这是因为流场分布直接影响烟气与还原剂 NH_3 混合程度，反应器流场呈现左侧小右侧大的分布状态，且速度较大区域在催化剂层附近，由于压力的突然增大，流向发生偏转，致使催化剂 NH_3 浓度分布不均匀。

7.1.4　导流板 2 竖直偏移距离对脱硝性能的影响

改变导流板 2 竖直偏移距离，分别取导流板 2 竖直偏移距离 y_2 为 0mm、0.1mm、0.25mm、0.3mm、0.35mm。不同导流板 2 竖直偏移距离下的脱硝反应器的脱硝效率和氨逃逸率如图 7-14 所示。从图 7-14 中可以看出，随着 y_2 值得不断增加，脱硝反应器的脱硝效率先降低后升高，对应的氨逃逸率先升高后降低，且最小值和最大值的相对误差分别为 3.2% 和 8.2%，即相对误差都在 10% 以内，说明导流板 2 竖直偏移的距离对脱硝反应器的脱硝效率和氨逃逸率有一定的影响。

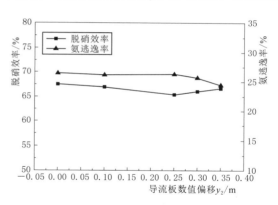

图 7-14　导流板 2 不同竖直偏移距离脱硝反应器脱硝效率和氨逃逸率

导流板 2 不同竖直偏移距离时 $Z=0.25m$ 平面的速度分布图如图 7-15 所示。从图 7-15 可以看出，随着 y_2 得不断增加，反应器主体结构右侧速度较大区域逐渐缩小，且速度较小区域逐渐左移，导流板 2 上部的流体区域速度逐渐增大。这说明其速度分布逐渐均匀，其速度最大值分别为 21.3m/s、21.2m/s、21.7m/s、22.4m/s。

导流板 2 不同竖直偏移距离催化剂层 NO 浓度分布如图 7-16 所示。从图 7-16 中可以看出，催化剂层中 NO 浓度分布逐渐降低，其中在催化剂层左侧 NO 浓度分布较高，且没有降低的趋势。这是由于还原剂 NH_3 在催化剂层左侧几乎没有浓度分布，也即在催化剂层的左侧没有脱硝反应的发生。由此可见，NH_3 浓度的在催化剂层的分布对 NO 浓度在催化剂层的分布有着直接的影响。

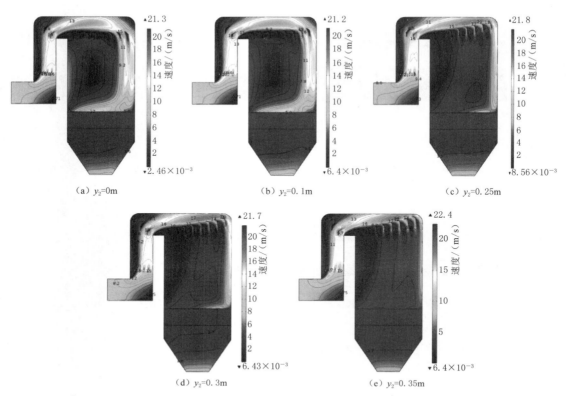

(a) $y_2=0$m (b) $y_2=0.1$m (c) $y_2=0.25$m

(d) $y_2=0.3$m (e) $y_2=0.35$m

图 7-15　导流板 2 不同竖直偏移距离 $Z=0.25$m 平面内速度分布

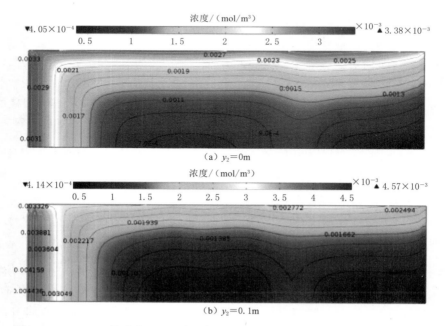

(a) $y_2=0$m

(b) $y_2=0.1$m

图 7-16（一）　导流板 2 不同竖直偏移距离催化剂层纵面 NO 浓度分布

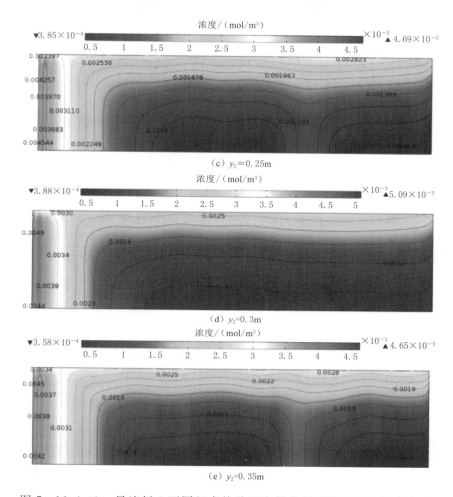

图 7-16（二）　导流板 2 不同竖直偏移距离催化剂层纵面 NO 浓度分布

导流板 2 不同竖直偏移距离催化剂表面 NH_3 浓度分布如图 7-17 所示。从图中 7-17 可以看出，催化剂层表面 NH_3 浓度分布呈现左侧小右侧大的分布趋势。右侧浓度最大值分别为 $1.89 \times 10^{-2}\,mol/m^3$、$1.72 \times 10^{-2}\,mol/m^3$、$1.39 \times 10^{-2}\,mol/m^3$、$1.44 \times 10^{-2}\,mol/m^3$，左侧浓度分布最小值接近为 $0\,mol/m^3$。这说明几乎没有 NH_3 浓度的分布，且随着 y_2 值得增加，NH_3 浓度分布越不均匀。

7.1.5　导流板 1 竖直偏移距离对脱硝性能的影响

改变导流板 1 竖直偏移距离，分别取导流板 1 竖直偏移距离 y_1 为 0mm、0.25mm、0.5mm、0.75mm、1mm。不同导流板 1 竖直偏移距离下的脱硝反应器的脱硝效率和氨逃逸率如图 7-18 所示。从图 7-18 可以看出，随着导流板 1 竖直偏移距离的增大，脱硝反应器的脱硝效率先逐渐减小然后又增大，其中最小值与最大值的相

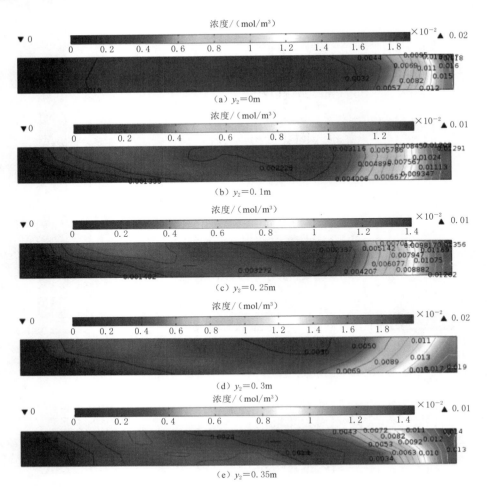

图 7-17 导流板 2 不同竖直偏移距离催化剂层表面 NH_3 浓度分布

对误差分别为 1.7% 和 9.2%，说明导流板 1 竖直偏移距离脱硝反应器的脱硝性能有一定的影响，但是影响有限。

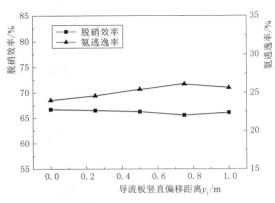

图 7-18 导流板 1 不同竖直偏移距离脱硝效率和氨逃逸率

导流板 1 不同竖直偏移距离 $Z=0.25m$ 平面内速度分布如图 7-19 所示。从图 7-19 可以看出，改变导流板 1 竖直偏移距离，脱硝反应器 $Z=0.25m$ 平面内速度分布相似，在反应器导流板 2 上方以及主体结构右侧存在速度较大的区域，在烟气流道左侧和主体结构左侧存在速度较小的区域，最大速度分别为 23.0m/s、21.8m/s、21.7m/s、21.7m/s，最小速度接近 0m/s，说明在

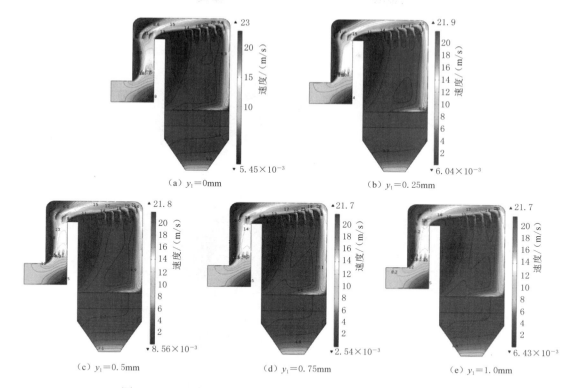

(a) $y_1 = 0\text{mm}$　　　　　　　　(b) $y_1 = 0.25\text{mm}$

(c) $y_1 = 0.5\text{mm}$　　　　(d) $y_1 = 0.75\text{mm}$　　　　(e) $y_1 = 1.0\text{mm}$

图 7-19　导流板 1 不同竖直偏移距离 $Z = 0.25$ 平面速度分布

反应器结构内部存在流动的"死区"。

催化剂内部 NO 浓度分布如图 7-20 所示。从图 7-20 可以看出，催化剂层 NO 浓度在催化剂层内逐渐降低。说明其在催化剂层存在了脱硝反应的发生，其中在催化剂左侧区域存在 NO 浓度较大区域。这是因为还原剂 NH_3 浓度几乎在催化剂层左侧没有分布，也就是几乎没有脱硝反应的发生，所以在催化剂层左侧 NO 浓度分布较大。

导流板 1 不同竖直偏移距离催化剂表面 NH_3 浓度分布如图 7-21 所示。从图 7-21 中可以看出，催化剂表面的 NH_3 浓度分布相似，催化剂表面 NH_3 浓度分布呈左侧小右侧大的分布状态，右侧最大值分别为 $1.29 \times 10^{-2}\text{mol/m}^3$、$1.4 \times 10^{-2}\text{mol/m}^3$、$1.42 \times 10^{-2}\text{mol/m}^3$、$1.39 \times 10^{-2}\text{mol/m}^3$，左侧最小值接近 0mol/m^3，说明在催化剂层左侧 NH_3 浓度几乎没有分布，而催化剂层中部靠右侧也存在局部较小的区域，这是由于反应器整体的速度分布状态导致 NH_3 浓度主要分布在结构的右侧。

7.1.6　催化剂层安装位置对脱硝性能的影响

改变催化剂层安装位置，分别取催化剂层安装坐标高度 H 为 -3.5mm、-4.0mm、-4.5mm、-5mm。不同催化剂层安装高度下的脱硝反应器的脱硝效率和氨逃逸率如图 7-22 所示。从图 7-22 可以看出，随着催化剂层安装高度的增加，脱

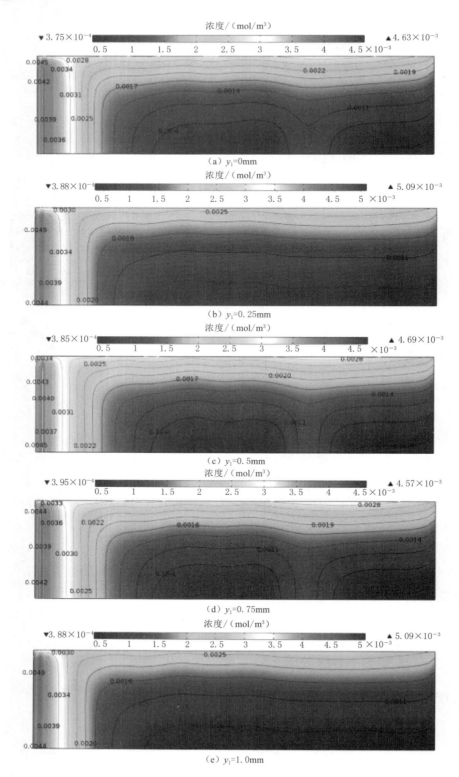

图 7-20　导流板 1 不同竖直偏移距离催化剂纵面的 NO 浓度分布

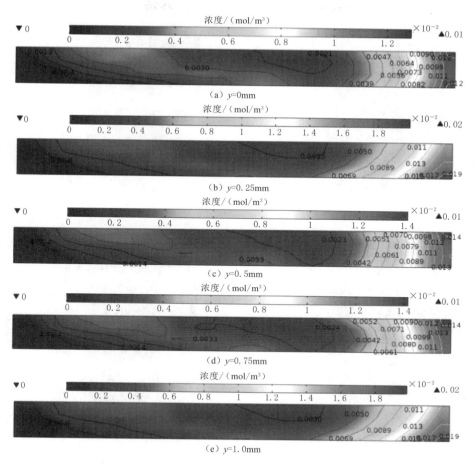

图 7-21 导流板 1 不同竖直偏移距离催化剂表面 NH_3 浓度分布

硝反应器的脱硝效率先逐渐增加然后又逐渐减小，其中最小值与最大值的相对误差分别为 1.5% 和 3.5%，说明催化剂层安装高度的变化对脱硝反应器的脱硝性能有一定的影响，但是影响有限。

不同催化剂层安装高度下 $Z=0.25m$ 平面内的速度分布如图 7-23 所示。从图 7-23 可以看出，不同催化剂层安装高度下 $Z=0.25m$ 平面内的速度分布相似，在反应器导流板 2 上方以及主体结构右侧存在速度较大的区域，在烟气流道左侧和主体结构左侧存在速度较小的区域，最大速度都为 21.7m/s，最小速度接近 0m/s，说明在反应器结构内部存在流动的"死区"。

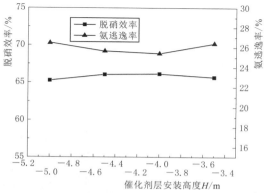

图 7-22 不同催化剂层安装位置脱硝
反应器脱硝效率及氨逃逸率

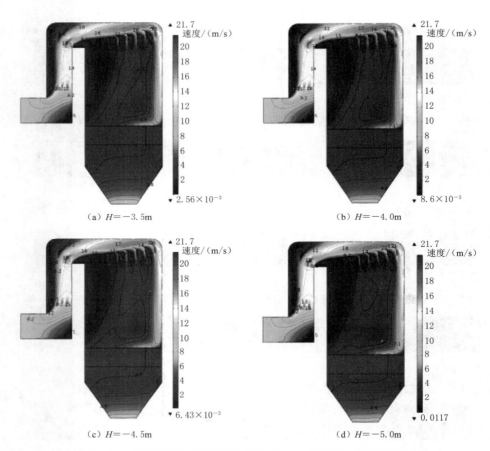

（a）$H=-3.5\text{m}$ （b）$H=-4.0\text{m}$

（c）$H=-4.5\text{m}$ （d）$H=-5.0\text{m}$

图 7-23 不同催化剂层安装位置 $Z=0.25$ 平面内的速度分布

不同催化剂层安装位置下催化剂层 NO 浓度分布如图 7-24 所示。从图 7-24 中可以看出，催化剂层 NO 浓度在催化剂层内逐渐降低，说明其在催化剂层存在了脱硝反应的发生，其中在催化剂左侧区域存在 NO 浓度较大区域，这是因为还原剂 NH_3 浓度几乎在催化剂层左侧没有分布，也就是几乎没有脱硝反应的发生，所以在催化剂层左侧 NO 浓度分布较大。

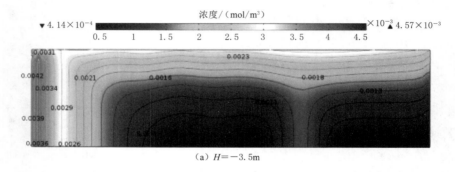

（a）$H=-3.5\text{m}$

图 7-24（一） 不同催化剂层安装位置催化剂层 NO 浓度分布

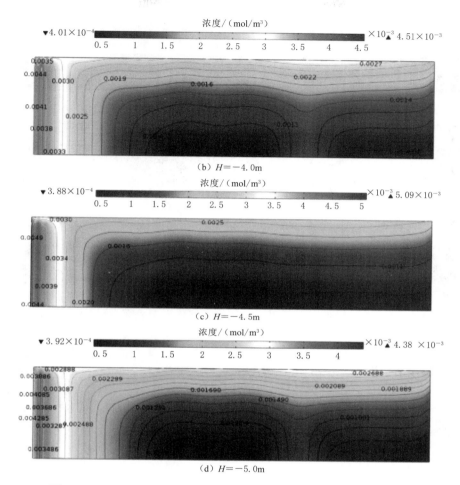

图 7-24（二）　不同催化剂层安装位置催化剂层 NO 浓度分布

不同催化剂层安装位置下催化剂层表面 NH_3 浓度分布如图 7-25 所示。从图 7-25 可以看出，催化剂表面 NH_3 浓度分布呈左侧小右侧大的分布状态，右侧最大值达到 $1.4 \times 10^{-2} mol/m^3$，左侧最小值接近 $0 mol/m^3$，说明在催化剂层左侧 NH_3 浓度几乎没有分布，而催化剂层中部靠右侧也存在局部较小的区域，这是由于反应器整体的速度分布状态导致 NH_3 浓度主要分布在结构的右侧。

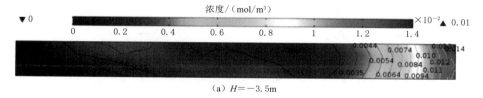

（a）$H=-3.5 m$

图 7-25（一）　不同催化剂层安装位置催化剂层表面 NH_3 浓度分布

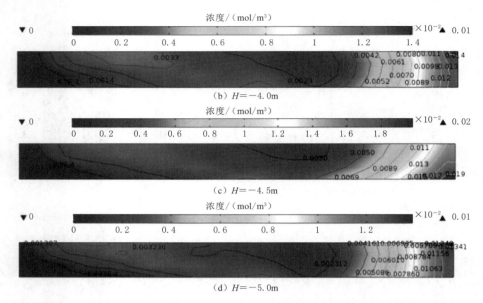

图 7-25（二） 不同催化剂层安装位置催化剂层表面 NH_3 浓度分布

7.2 脱硝反应器多目标优化研究

7.2.1 脱硝反应器结构参数多目标优化

1. 目标函数

与前文一致，采用脱硝效率 1/1 和氨逃逸率 1/2 为目标函数，计算公式为

$$\max y_1 = \frac{c_{in,NO} - c_{out,NO}}{c_{in,NO}} \times 100\% \tag{7-1}$$

$$\min y_2 = \frac{c_{out,NH_3}}{c_{in,NO} \cdot x_0} \times 100\% \tag{7-2}$$

$$\max \frac{1}{y_2} = \frac{c_{in,NO} \cdot x_0}{c_{out,NH_3}} \times 100\% \tag{7-3}$$

式中 $c_{in,NO}$——烟气入口 NO 浓度；

       $c_{out,NO}$——烟气出口 NO 浓度；

       c_{out,NH_3}——NH_3 出口浓度；

       x_0——氨氮比。

同时考虑到操作参数以及结构参数的变化会对脱硝反应器的压降产生影响，因此也把 Δp 作为参考指标，Δp 越小越对脱硝反应器有利，对 Δp 求倒数，将 $1/\Delta p$ 作为第三个目标函数，即

$$\max y_3 = 1/\Delta p \tag{7-4}$$

2. 约束条件

根据单因素分析的结果，将具体的变量约束为

$$\begin{cases} 0.05\text{m} \leqslant D \leqslant 0.07\text{m} \\ 11.05\text{m} \leqslant H_1 \leqslant 12.05\text{m} \\ 11.00\text{m} \leqslant H_2 \leqslant 11.55\text{m} \end{cases} \tag{7-5}$$

其中初始值与设计变量的变化范围见表 7-1：

表 7-1　　　　　　　　初始值与设计变量变化范围

设计变量	D/m	H_1/m	H_2/m
初始值	0.55	11.50	11.05
上限值	0.07	12.05	11.55
下限值	0.05	11.05	11.00

7.2.2　多目标参数优化

本节选择 Nelder-Mead 优化方法进行优化。

从表 7-2 可以看出，运用 Nelder-Mead 优化算法总共计算了 11 组数据，其中第 3 组、第 6 组和第 8 组数据获得较高的脱硝效率、较低的氨逃逸率以及较低的压降损失。通过对比可以发现第 3 组优化结果最优：80.10% 的脱硝效率、10.08% 的氨逃逸率以及 421.85Pa 的压力损失，因此认为第 3 组优化结果为本次优化中的最优结果。其对应的各参数值为 $D=0.061\text{m}$、$H_1=11.550\text{m}$、$H_2=11.050\text{m}$。

表 7-2　　　　　　　　　优化结果分析

序号	D/m	H_1/m	H_2/m	$Y_1/\%$	$Y_2/\%$	Y_3/Pa
1	0.5500	11.500	11.050	67.42	22.83	421.892
2	0.0600	11.550	11.050	74.85	16.96	422.016
3	0.0610	11.550	11.050	80.10	10.80	421.855
4	0.0600	11.550	11.051	75.24	15.89	417.743
5	0.0600	11.551	11.050	69.37	20.65	420.135
6	0.0620	11.550	11.050	78.02	13.02	421.951
7	0.0600	11.550	11.049	67.25	22.78	421.861
8	0.0600	11.549	11.050	76.14	15.61	421.871
9	0.0613	11.549	11.052	65.91	25.33	422.884
10	0.0700	11.550	11.050	74.86	16.72	422.975
11	0.0620	11.552	11.050	76.04	15.59	422.979

　　优化前后所对应的脱硝效率、氨逃逸率以及压降损失见表 7-3。由表可以看出：脱硝效率提高了 15.7% 左右，氨逃逸率降低了 42.97% 左右，压力损失几乎没有变化。

表 7-3　　　　　　　　　　　　　　优化值与初始值比较

名称	D/m	H_1/m	H_2/m	脱硝效率/%	氨逃逸率/%	压降/Pa
初值	0.050	11.50	11.05	67.42	22.83	421.89
优值	0.062	11.55	11.05	80.01	10.80	421.85

第 8 章

SCR 脱硝流程模拟及 PID 控制研究

目前 SCR 烟气脱硝的研究要点主要集中在流场优化、催化剂选型、催化剂设计。SCR 脱硝反应系统已经通过很多试验方法和模拟方法进行了评估。目前在物质传递和流场中加入化学反应动力学的研究较少，且考虑副反应的研究更为匮乏。通过对化学反应动力学的研究，能够选择合适的反应条件以达到脱硝效率高、成本低，操作简便的目的。改进 SCR 脱硝效率，必须深入研究涉及所有反应物和生成物的反应动力学，特别是副反应和对脱硝有帮助的其他 SCR 反应如快速 SCR 反应。对商业使用的 SCR 反应器进行模拟分析需要联合实际动力学及流体力学和质量传递，这些耦合模拟对工业过程放大有重要意义。本章首先从流程角度对 SCR 反应进行模拟，分析操作参数和物性方法对 SCR 反应的影响；然后对 SCR 反应器的 PID 控制参数采用动态仿真的方法进行优化分析。

8.1 流程角度的 SCR 反应模拟

采用流程模拟软件 Aspen，从宏观生产方向对 SCR 反应进行模拟。SCR 流程图如图 8-1 所示。

Aspen plus 软件可以在工程应用规模上模拟真实情况的反应。本节依然是在催化剂孔道中模拟所使用的标准 SCR 加氨氧化反应动力学。将反应部分单独取出建立模型进行模拟，Aspen 中的流程图如图 8-2 所示。

模型选择了 Rplug 反应器模型，反应按反应物进口温度 523K 进行，物性方法选择了 IDEAL，压降 70Pa。

8.1.1 反应器脱硝效率的初步模拟

基本工况：反应物进口流量见表 8-1。当采用表 8-2 的反应器尺寸时，反应物转化率和出口流量见表 8-3 和表 8-4。

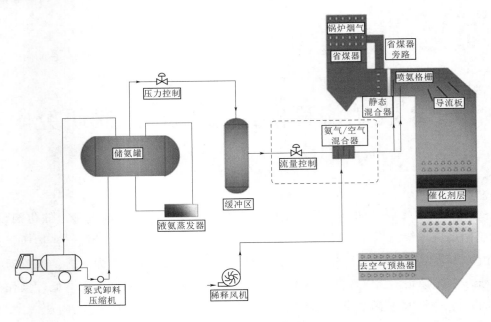

图 8-1 SCR 流程图

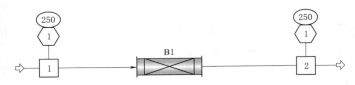

图 8-2 Aspen 中的流程图

表 8-1 反应物进口流量

物 质	流量/(kmol/h)	物 质	流量/(kmol/h)
NO	40	O_2	10
NH_3	50		

表 8-2 反应器尺寸

项 目	尺寸/m
长度	2
拟合半径	0.5

表 8-3 反应物转化率

物 质	转化率/%
NO	81.09
NH_3	69.91

表 8-4 反应物出口流量

物 质	流量/(kmol/h)	物 质	流量/(kmol/h)
NO	7.564	O_2	0
NH_3	15.042		

研究工况 1：在基准工况的基础上，当反应器的尺寸发生变化时（表 8-5），反应物出口流量和转化率见表 8-6 和表 8-7。与基本工况相比，减小反应器尺寸使得反应不充分，转化率降低。

表 8-5　　　反应器尺寸

项　目	尺寸/m
长度	0.5
拟合半径	0.5

表 8-6　　　反应物转化率

物　质	转化率/%
NO	71.78
NH_3	61.74

表 8-7　　　反应物出口流量

物　质	流量/(kmol/h)	物　质	流量/(kmol/h)
NO	11.287	O_2	1.206
NH_3	19.132		

研究工况 2：在基准工况的基础上，当氧气流量发生变化时（表 8-8），反应物出口流量和转化率见表 8-9 和表 8-10。与基本工况相比，增加氧气流量能够有效提升反应效率，转化率明显增加。

表 8-8　　进口物质流量

物　质	流量/(kmol/h)
NO	40
NH_3	50
O_2	20

表 8-9　　反应器出口流量

物　质	流量/(kmol/h)
NO	0.457
NH_3	6.535
O_2	7.173

通过初步分析关键参数对脱硝效率的影响，可以看出反应器尺寸和操作参数都会影响脱硝效率，接下来进行详细分析。

表 8-10　　　反应物转化率

物　质	转化率/%
NO	98.86
NH_3	86.93

8.1.2　反应器长度对脱硝效率的影响

流程中的反应器长度对脱硝效率的影响如图 8-3 所示。反应器半径保持不变。可以看出，随着反应器长度的增加脱硝效率增加，在反应器长度达到 1m 左右时，脱硝效率基本就保持稳定不再增加，表明此时反应完全发生。

8.1.3　氧浓度对脱硝效率的影响

流程中氧气量的变化对脱硝效率的影响如图 8-4 所示。从图中可知，在氧气流量不断增加的情况下，脱硝效率不断提高，尤其在氧含量占进口流量小于 10% 时，增加幅度较大，在氧气含量超过15％时，脱硝效率在保持平稳的状态下有些许下降，这主要是在副反应氨氧化的影响下，在氧含量太高（在本章描述的动力学反应下就是大于15％）时，主反应的选择性下降，副反应选择性上升，因此脱硝效率会有所下降。

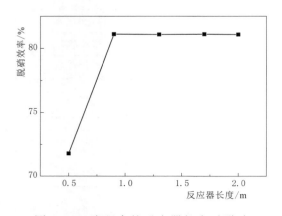

图 8-3 流程中的反应器长度对脱硝效率的影响

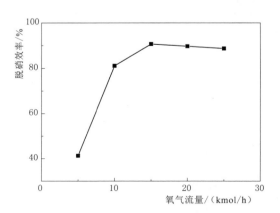

图 8-4 流程中氧气量的变化对脱硝效率的影响

8.1.4 不同的物性方法对脱硝效率的影响

当然在 Aspen 中有不同的物性方法供使用者选择计算，物性方法选择不同，模拟结果也会有区别，物性方法的选择直接影响到模拟结果的可靠性。物性方法的选择有以下几种情况：①经验选取。②使用 Aspen plus 内置的帮助系统。在不清楚选择哪种物性方法的情况下可以选择使用帮助系统，系统会根据组分性质或者化工过程的特点推荐不同类型的物性方法，本章使用的是组分性质定义，在组分性质里提供了三种组分类型，分别是化学系统、烃类系统以及特殊系统，此处选择了化学系统，然后选择是否高压（大于 10bars），此处反应基本上是常压，因此最后推荐的物性方法有 NRTL、WILSON、UNIQUAC、UNIFAC。计算工况如下：O_2 流量 10kmol/h，反应器长度 1m。NRTL、WILSON、UNIQUAC、UNIFAC 方法中的出口物质流量见表 8-11、表 8-12、表 8-13、表 8-14 和表 8-15。

表 8-11 物性方法 NRTL 出口物质流量

物 质	流量/（kmol/h）
NO	7.545
NH_3	15.021

表 8-12 物性方法 WILSON 出口物质流量

物 质	流量/（kmol/h）
NO	7.545
NH_3	15.021

表 8 - 13	物性方法 UNIQUAC 出口物质流量
物　质	流量/(kmol/h)
NO	7.545
NH₃	15.021

表 8 - 14	物性方法 UNIFAC 出口物质流量
物　质	流量/(kmol/h)
NO	7.563
NH₃	15.041

表 8 - 15	物性方法 IDEAL 出口物质流量
物　质	流量/(kmol/h)
NO	7.545
NH₃	15.021

物性方程对计算的影响如图 8 - 5 所示。从图 8 - 5 可以看出，在常压，温度为 523K 时，上述 NRTL、WILSON、UNIQUAC、UNIFAC 几种不同的物性方法对模拟的结果影响不大，与本章一开始选定的 IDEAl 理想模型基本一致，因此 IDEAL 物性的选择是可靠的，而且还能节约计算时间。UNIFAC 物性方法出现差异主要是因为它考虑了液相活度系数，本节不涉及液相，故与其他物性方法有偏差。

8.1.5　温度对脱硝效率的影响

在 Aspen 中发生的反应由于在实际中温度变化不大，因此定义为恒温反应。流程中的温度对脱硝效率的影响如图 8 - 6 所示。就图 8 - 6 来看，脱硝效率随着温度的增加呈现先增大后减小的趋势，与在单孔道的模拟趋势相同，最佳温度与之前单孔道的吻合，大概都为 520K。但在 Aspen 中的模拟变化趋势尖锐，没有单孔道模拟的趋势光滑。

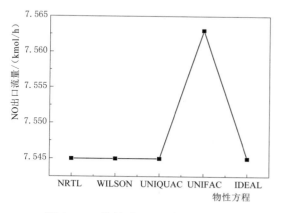

图 8 - 5　物性方程对计算的影响

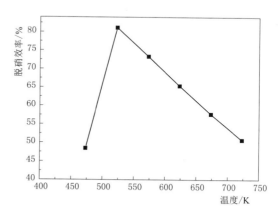

图 8 - 6　流程中的温度对脱硝效率的影响

8.2　SCR 反应还原剂流量动态控制

烟气脱硝装置的控制系统包括 SCR 反应控制、还原剂进料控制、除尘控制系统，以及上述控制对象的数据采集（DAS）、模拟量控制（MCS）、顺序控制（SCS）、连锁保护和报警。完整的脱硝控制设计还应包括工业电视监控系统、火灾报警及氨泄漏报警系统，以满足脱硝系统运行监控要求。

8.2.1　SCR 反应控制策略

出口 NO_x 浓度或脱硝效率以及固定摩尔比的测量值作为被调量，经 PID 运算，得到氨气喷射量再作为副调节器的设定值，与氨流量计的测量信号经过比较和 PID 运算，来调节流量调节阀。

固定摩尔比控制方式，就是将进口 NO_x 浓度乘以烟气流量得到 NO_x 信号，然后乘以氨氮比就是基本氨气流量信号。氨气流量信号作为给定值送入 PID 控制器与实测氨气信号比较，由 PID 控制器经运算后发出调节信号控制阀门开度以调节氨气流量。其特点是控制的出口 NO_x 值波动较小，但是氨气消耗相对较大。单纯的固定摩尔比控制方式在实际工程中应用较少。

在催化剂活性期内，脱硝系统的工艺与控制系统设计可以同时满足脱硝效率和氨逃逸等指标要求，因此控制策略无需考虑氨逃逸的影响。

PID（proportional integral derivative）控制规律是控制策略中相对成熟、应用广泛的一种，通过长期的实践应用，已形成了完整的控制体系和结构。无论是数学模型已知的还是难以确定的，PID 全都适用。PID 控制参数调整方便，结构容易改变，在普遍的使用中都能得到满意的结果。PID 控制流程图如图 8-7 所示。

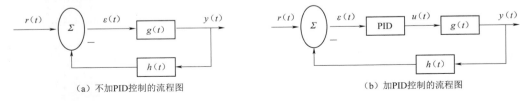

（a）不加PID控制的流程图　　　　　　（b）加PID控制的流程图

图 8-7　PID 控制流程图

所谓的 PID 控制，就是对偏差信号 $\varepsilon(t)$ 进行比例、积分和微分运算变换后形成的一种控制规律，即

$$u(t) = K_P \left[\varepsilon(t) + \frac{1}{T_I} \int_0^t \varepsilon(\tau) d\tau + T_D \frac{d\varepsilon(t)}{dt} \right] \qquad (8-1)$$

式中　$K_P \varepsilon(t)$——比例控制项；

$\qquad K_P$——比例系数；

$\qquad \dfrac{1}{T_I} \displaystyle\int_0^t \varepsilon(\tau) d\tau$——积分控制项；

$\qquad T_I$——积分时间常数；

$$T_D \dfrac{\mathrm{d}\varepsilon(t)}{\mathrm{d}t}$$ ——微分控制项；

$\qquad T_D$ ——微分时间常数。

在化工过程中，控制特定的流程对生产至关重要，PID 控制能够满足这一要求，但在 PID 算法上，优化相关参数比较困难，本书将采用 PID 控制算法模拟 SCR 反应器并且找出合适的 PID 参数。

在 SCR 反应器中氨氮比是反应优劣的重要参数，在 Comsol 的反应模拟中已经基本确定氨氮比在 1.1 左右，反应良好，因此要尽量控制反应器中的还原剂氨气量。

8.2.2　PID 参数的调整

对 PID 参数进行调整最理想的方法是根据理论来进行确定，但在实际情况中，大部分是利用凑试法来敲定 PID 参数。在调整参数时采用先调节比例参数然后考虑积分参数，最后进行微分参数整定的步骤。

首先整定比例部分。调节比例参数使之从小变大，直至得到反应迅速、超调小的响应曲线。如果系统静差已经小到允许范围内，并且响应曲线也符合要求，那么这个控制过程只需要调节比例调节器即可。

只进行比例调节，如果系统的静差不能达到设计要求，则要加入积分调节。为了消除静差，在调节时先将积分时间设定到一个比较大的值，然后将调节好的比例系数缩小（一般缩小为原值的 0.8），然后慢慢缩小积分时间，这样调节可保持系统良好的动态性能。在调节过程中，可根据响应曲线的变化改变比例系数和积分时间，直至得到符合要求的控制过程和调节参数。

如果在前面的调节过程中反复调整还是不能达到要求，可以考虑加入微分调节。先把微分时间 D 设置为 0，然后逐渐加大微分时间，同时改变相应的比例系数和积分时间，逐步调节，直至得到满意的调节效果。

在化工生产过程中，控制过程是重要的一环，本节主要利用 Comsol 软件计算优化 PID 参数。SCR 反应过程中 NH_3 的进量至关重要，本节是单纯的在反应物 NO 进料量控制不变的情况下，调整还原剂 NH_3 的进料量，使得在反应区的 NH_3 量处在适宜反应的浓度。因为反应需要连续不断进行，所以在反应器设置了两个还原剂入口：第一入口输入的是初始还原剂浓度，调整第二入口的还原剂量，来满足 SCR 反应的需求。

一般一台锅炉会装配两台相同的脱硝反应器，为了减少操作复杂程度与模拟计算量这里选择其中的一台根据相似原理，对其进行模拟计算。

本节的调节回路是物料平衡调节回路，以单侧 SCR 反应器实际喷氨量作为被调量 PV 值，需氨量作为设定 SP 值，通过逻辑搭配形成闭环调节回路，输出指令通过调节喷氨阀门开度大小来调节所需喷氨量，所需氨量是依据烟气中 NO 的进料量乘以氨氮比得出的，回路中设置了氨气进料量为变量，由单侧反应器入口标态烟气流量、入口烟气 NO_x 浓度计算得出。简单来说就是测定反应器中指定位置的氨气量，与设定的氨气量进行比较，然后经过 PID 计算，得出控制入口处应该进入的氨气量。优化算法选择 SNOPT。

8.2.3 模型描述

本节研究的 SCR 反应器具有两个还原剂进口（主进口和调节进口），模型图如图 8-8 所示。长度为 18mm，高 6mm，主进口和调节进口的宽度均为 2mm。

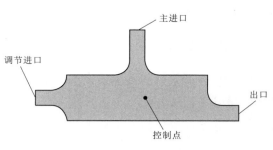

图 8-8 模型图

假定反应器内流体流动为不可压缩层流。

动量守恒方程为

$$\rho\frac{\partial u}{\partial t}-\nabla\cdot\left[\eta(\nabla u+\nabla^{\mathrm{T}}u)\right]+\rho u\cdot\nabla u+\nabla p=0 \tag{8-2}$$

质量守恒方程为

$$\nabla\cdot u=0 \tag{8-3}$$

组分平衡方程满足稀物质传递方程，即

$$\frac{\partial c}{\partial t}+\nabla\cdot(-D\nabla c)=-u\cdot\nabla c \tag{8-4}$$

物质平衡和流体流动的边界条件分别见表 8-16 和表 8-17。

表 8-16　　　　　　　　物质平衡的边界条件

边　界	约束条件	边　界	约束条件
主进口	浓度 $c=0.6\mathrm{mol/m^3}$	出口	$n\cdot(-D\nabla c)=0$
调节进口	浓度 $c=0.4\mathrm{mol/m^3}$	壁	$N\cdot n=0$

注　c 为入口浓度（$\mathrm{mol/m^3}$），D 为扩散系数（$\mathrm{m^2/s}$），N 为摩尔流量 $[\mathrm{mol/(m^2\cdot s)}]$。

表 8-17　　　　　　　　流体流动的边界条件

边　界	约束条件	边　界	约束条件
主进口	$\boldsymbol{u}=(0,\ -v_{\mathrm{in,top}})$	进口区域	$\boldsymbol{n}*\boldsymbol{u}=0$
调节进口	$\boldsymbol{u}=(u_{\mathrm{in}},\ 0)$	壁	$\boldsymbol{u}=0$
出口	$p_0=0$		

注　$\boldsymbol{u}$ 为速度矢量 $[\mathrm{m/s}]$，$-v_{\mathrm{in,top}}$ 为主进口速度（$\mathrm{m/s}$），u_{in} 为 PID 控制流速。

PID 算法控制方程为

$$u_{\text{in}} = K_{\text{P}}(c - c_{\text{set}}) + K_{\text{I}}\int_0^t (c - c_{\text{set}})\mathrm{d}t + K_{\text{D}}\frac{\partial}{\partial t}(c - c_{\text{set}}) \tag{8-5}$$

PID 设置的优化参数见表 8-18。

表 8-18　　　设置优化参数

名　称	数　值	名　称	数　值
c_{set}	0.44mol/m^3	K_{I}	$1\text{m}^4/(\text{mol}\cdot\text{s}^2)$
K_{P}	$0.7\text{m}^4/(\text{mol}\cdot\text{s})$	K_{D}	$1\times10^{-3}\text{m}^4/\text{mol}$

通常在实际情况下，如果 K_{D} 参数不好确定，一般都设置为 0，此外，微分项会增加系统的波动，因此会放大（$c - c_{\text{set}}$）噪声。

8.2.4　网格考核

采用三角形网格进行网格划分，网格图如图 8-9 所示。不同网格数对控制点速度和浓度的影响如图 8-10 所示。可以看出，网格数大于 20000，基本上网格数对计算结果的影响较小，其中 20000 网格和 27000 网格计算的控制点速度和浓度相差很小，相对误差都小于 0.1%。因此采用 20000 网格已满足计算精度要求（最小单元质量 0.12，平均单元质量 0.93，单元质量符合要求）。

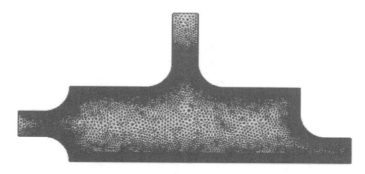

图 8-9　网格图

8.2.5　结果分析与讨论

图 8-11 中显示了在不同反应时间点上反应器中 NH_3 的浓度和速度流线。从图 8-11 可以看出流场对 NH_3 浓度的影响。在初始阶段，控制点主要处于高浓度的 NH_3 流体中。随着调节进口中低流速 NH_3 的流入，控制点出的浓度逐渐被稀释。从图 8-11 还可以看出，随着 PID 控制的时间延长，控制入口的流速开始增加，主流速入口的流速减小，但反应器整体的浓度开始逐渐趋于均匀。

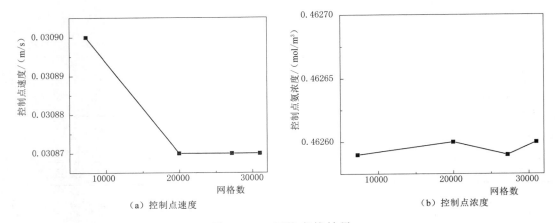

（a）控制点速度　　　　　　　　　　　（b）控制点浓度

图 8 - 10　网格考核结果

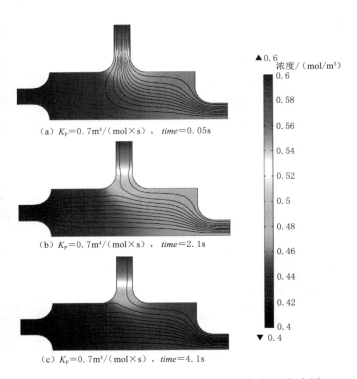

（a）$K_P=0.7 \mathrm{m^4/(mol \times s)}$，$time=0.05\mathrm{s}$

（b）$K_P=0.7 \mathrm{m^4/(mol \times s)}$，$time=2.1\mathrm{s}$

（c）$K_P=0.7 \mathrm{m^4/(mol \times s)}$，$time=4.1\mathrm{s}$

图 8 - 11　不同控制时间下的 NH_3 浓度和流速图

不同 K_P 值下控制进口的流速和浓度如图 8 - 12 所示，如图所示 K_P 值越高，震荡越平缓，且更快趋于稳定，因此在此情况下 K_P 值越高越好。

图 8 - 12 是对控制参数 K_P 进行的讨论，下面对其控制参数 K_I 进行分析。不同 K_I 的调节趋势如图 8 - 13 所示。图 8 - 13 显示了在 K_P 参数为 0.7 时，不同的 K_I 参数所表现出的不同调节效果，在控制流速方面 K_I 值较低时偏差较小，但在浓度调

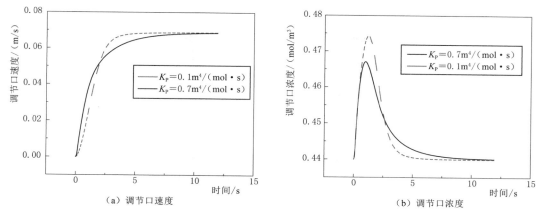

图 8-12 不同 K_P 下控制进口的流速和浓度

节时出现了与调节流速相反的结果。

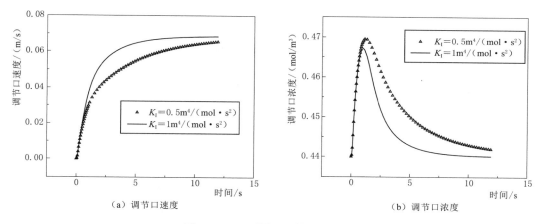

图 8-13 不同 K_I 的调节趋势

参 考 文 献

［1］ 李俊华，杨恂，常化振，等. 烟气催化脱硝关键技术研发及应用［M］. 北京：科学出版社出版，2015.

［2］ International Energy Agency. World Energy Outlook 2019［R］. 2020.

［3］ 侯正猛，熊鹰，刘建华，等. 河南省碳达峰与碳中和战略、技术路线和行动方案［J］. 工程科学与技术，2022，54（1）：23－36.

［4］ 吕清刚，李诗媛，黄粲然. 工业领域煤炭清洁高效燃烧利用技术现状与发展建议［J］. 中国科学院院刊，2019，34（4）：392－400.

［5］ Baxter L L，Mitchell R E，Fletcher T H，et al. Nitrogen release during coal combustion［J］. Energy & Fuels，1996，10（1）：188－196.

［6］ 马保国，李相国，胡贞武，等. 煤燃烧过程中 NO_x 的形成及控制技术［J］. 武汉理工大学学报，2004（04）：33－35.

［7］ 岑可法. 燃烧理论与污染控制［M］. 北京：机械工业出版社，2004.

［8］ 刘烨鸣. 高浓度 CO_2 燃烧条件下 NO_x 转化机理的研究［D］. 扬州：扬州大学，2018.

［9］ Visona S P，Stanmore B R. Modeling NO formation inswirling pulverized coal flame［J］. Chemical Engineering Science，1998，53（11）：2013－2027.

［10］ Stanmore B R，Visona S P. Prediction of NO emission from a number of coal－fired power station boilers［J］. Fuel Processing Technology，2000，64：25－46.

［11］ Zeldovich Y B. The oxidation of nitrogen in combustion and explosions［J］. Acta Physicochim，URSS，1946，21：577－583.

［12］ 董若凌，周俊虎，杨卫娟，等. 煤粉分级燃烧对炉内燃烧过程影响的试验研究［J］. 浙江大学学报（工学版），2005，39（12）：1907－1910.

［13］ 苏亚欣，毛玉如，徐璋. 燃煤氮氧化物排放控制技术［M］. 北京：化学工业出版社，2005.

［14］ 岑可法，姚强，骆仲泱. 燃烧理论与污染控制［M］. 北京：机械工业出版社，2004.

［15］ 苏毅，揭涛，沈玲玲. 低氮燃气燃烧技术及燃烧器设计进展［J］. 工业锅炉，2016，04：17－25.

［16］ 赵坤. SCR 脱硝塔流场数值优化及实验研究［D］. 北京：华北电力大学，2018.

［17］ 熊浩林，韩秀梅，张晓燕. 分子筛催化剂的发展与展望［J］. 材料导报，2021，35（Z1）：137－142.

［18］ 张超，朱丽娜，郝敏彤，等. Fe 基分子筛 NH_3－SCR 催化剂的研究进展［J］. 精细石油化工，2021，38（6）：75－80.

［19］ Boekfa B，Choomwattana S，Khongpracha P，et al. Effects of the zeolite framework on the adsorptions and hydrogen－exchange reactions of unsaturated aliphatic，aromatic，and heterocyclic compounds in ZSM－5 zeolite：A combination of perturbation theory（MP2）and a newly developed density functional theory（M06－2X）in ONIOM scheme［J］. Langmuir，2009，25（22）：12990－12999.

［20］ Bell A T. Experimental and theoretical studies of NO decomposition and reduction over metal－exchanged ZSM－5［J］. Catalysis today，1997，38（2）：151－156.

［21］ Sultana A，Sasaki M，Suzuki K，et al. Tuning the NO_x conversion of Cu－Fe/ZSM－5 catalyst in NH_3－SCR［J］. Catalysis Communications，2013，41：21－25.

［22］ Zhu L，Zhang L，Qu H，et al. A study on chemisorbed oxygen and reaction process of Fe－CuO_x/

ZSM – 5 via ultrasonic impregnation method for low – temperature NH_3 – SCR [J]. Journal of Molecular Catalysis A: Chemical, 2015, 409: 207 – 215.

[23] Baek J H, Lee S M, Park J H, et al. Effects of steam introduction on deactivation of Fe – BEA catalyst in NH_3 – SCR of N_2O and NO [J]. Journal of industrial and engineering chemistry, 2017, 48: 194 – 201.

[24] Xia Y, Zhan W, Guo Y, et al. Fe – Beta zeolite for selective catalytic reduction of NO_x with NH_3: Influence of Fe content [J]. Chinese Journal of Catalysis, 2016, 37 (12): 2069 – 2078.

[25] Shi J, Zhang Y, Zhang Z, et al. Water promotion mechanism on the NH_3 – SCR over Fe – BEA catalyst [J]. Catalysis Communications, 2018, 115: 59 – 63.

[26] Niu K, Li G, Liu J, et al. One step synthesis of Fe – SSZ – 13 zeolite by hydrothermal method [J]. Journal of Solid State Chemistry, 2020, 287: 121330.

[27] Kaneeda M, Iizuka H, Hiratsuka T, et al. Improvement of thermal stability of NO oxidation Pt/Al_2O_3 catalyst by addition of Pd [J]. Applied Catalysis B: Environmental, 2009, 90 (3 – 4): 564 – 569.

[28] Li L, Qu L, Cheng J, et al. Oxidation of nitric oxide to nitrogen dioxide over Ru catalysts [J]. Applied Catalysis B: Environmental, 2009, 88 (1 – 2): 224 – 231.

[29] Bosch H, Janssen F. Formation and control of nitrogen oxides [J]. Catal. Today, 1988, 2 (4): 369 – 379.

[30] Nakajima F, Hamada I. The state – of – the – art technology of NO_x control [J]. Catalysis today, 1996, 29 (1 – 4): 109 – 115.

[31] Pârvulescu V I, Grange P, Delmon B. Catalytic removal of NO [J]. Catalysis today, 1998, 46 (4): 233 – 316.

[32] Zhao H, Bennici S, Cai J, et al. Effect of vanadia loading on the acidic, redox and catalytic properties of V_2O_5 – TiO_2 and V_2O_5 – TiO_2/SO_4^{2-} catalysts for partial oxidation of methanol [J]. Catalysis Today, 2010, 152 (1 – 4): 70 – 77.

[33] 樊孝华, 张晓光, 李涛, 等. 燃煤烟气中 NO 催化氧化脱除的研究进展 [J]. 环境污染与防治, 2021, 43 (3): 378 – 382.

[34] Morita I, Hirano M, Bielawski G T. Development and Commercial Operating Experience of SCR DeNO_x Catalysts for Wet – Bottom Coal – Fired Boilers [C]. presented at Power – Gen International Conference, Orlando, FL, December 8 – 11, 1998.

[35] Khodayari R, Odenbrand C U I. Deactivating effects of lead on the selective catalytic reduction of nitric oxide with ammonia over a $V_2O_5/WO_3/TiO_2$ catalyst for waste incineration applications [J]. Industrial & engineering chemistry research, 1998, 37 (4): 1196 – 1202.

[36] Witko M, Grybos R, Tokarz – Sobieraj R. Heterogeneity of V_2O_5 (010) surfaces – the role of alkali metal dopants [J]. Topics in catalysis, 2006, 38 (1): 105 – 115.

[37] 孙克勤, 钟秦, 于爱华. SCR 催化剂的砷中毒研究 [J]. 中国环保产业, 2008 (1): 40 – 42.

[38] 朱崇兵, 金保升, 仲兆平, 等. K_2O 对 V_2O_5 – WO_3/TiO_2 催化剂的中毒作用 [J]. 东南大学学报 (自然科学版), 2008, 38 (1): 101 – 105.

[39] Nicosia D, Czekaj I, Kröcher O. Chemical deactivation of V_2O_5/WO_3 – TiO_2 SCR catalysts by additives and impurities from fuels, lubrication oils and urea solution: Part II. Characterization study of the effect of alkali and alkaline earth metals [J]. Applied Catalysis B: Environmental, 2008, 77 (3 – 4): 228 – 236.

[40] Zheng Y, Jensen A D, Johnsson J E, et al. Deactivation of V_2O_5 – WO_3 – TiO_2 SCR catalyst at biomass fired power plants: Elucidation of mechanisms by lab – and pilot – scale experiments [J]. Ap-

plied Catalysis B: Environmental, 2008, 83 (3 - 4): 186 - 194.

[41] 张烨, 徐晓亮, 缪明烽. SCR 脱硝催化剂失活机理研究进展 [J]. 能源环境保护, 2011, 25 (4): 14 - 18.

[42] 段竞芳. 商业钒钛系 SCR 脱硝催化剂的失活分析与再生研究 [D]. 广州: 华南理工大学, 2012.

[43] 杜学森. 钛基 SCR 脱硝催化剂中毒失活及抗中毒机理的实验和分子模拟研究 [D]. 杭州: 浙江大学, 2014.

[44] Gao X, Du X, Fu Y, et al. Theoretical and experimental study on the deactivation of V_2O_5 based catalyst by lead for selective catalytic reduction of nitric oxides [J]. Catalysis Today, 2011, 175 (1): 625 - 630.

[45] 姜烨, 高翔, 吴卫红, 等. 选择性催化还原脱硝催化剂失活研究综述 [J]. 中国电机工程学报, 2013, 33 (14): 18 - 31.

[46] 覃昊. 新型金属催化臭氧化催化剂的制备与分子设计研究 [D]. 哈尔滨: 哈尔滨工业大学, 2007.

[47] Liu Z, Ma L, Junaid A S M. NO and NO_2 adsorption on Al_2O_3 and Ga modified Al_2O_3 surfaces: a density functional theory study [J]. The Journal of Physical Chemistry C, 2010, 114 (10): 4445 - 4450.

[48] 姜烨. 钛基 SCR 催化剂及其钾、铅中毒机理研究 [D]. 杭州: 浙江大学, 2010.

[49] Zhang S, Zhong Q, Zhao W, et al. Surface characterization studies on F - doped V_2O_5/TiO_2 catalyst for NO reduction with NH_3 at low - temperature [J]. Chemical Engineering Journal, 2014, 253: 207 - 216.

[50] 赵炜. 氟、硫掺杂 V_2O_5/TiO_2 脱硝催化剂的制备及性能研究 [D]. 南京: 南京理工大学, 2014.

[51] 刘创, 陈冬林, 罗睿, 等. SCR 脱硝反应器内流动的物理模拟实验研究 [J]. 电站系统工程, 2010 (2): 9 - 11.

[52] 陈海林, 宋新南, 江海斌, 等. SCR 脱硝性能影响因素及维护 [J]. 山东建筑大学学报, 2008 (2): 145 - 149.

[53] 陈海林. SCR 烟气脱硝系统流场与浓度场的数值模拟及实验研究 [D]. 镇江: 江苏大学, 2008.

[54] 郑祥. 柴油机 Urea - SCR 系统的数值模拟与试验研究 [D]. 太原: 太原理工大学, 2013.

[55] 毛剑宏, 蒋新伟, 钟毅, 等. 变截面倾斜烟道导流板对 AIG 入口流场的影响 [J]. 浙江大学学报 (工学版), 2011, 45 (8): 1453 - 1457.

[56] 毛剑宏. 大型电站锅炉 SCR 烟气脱硝系统关键技术研究 [D]. 杭州: 浙江大学, 2011.

[57] 毛剑宏, 宋浩, 吴卫红, 等. 电站锅炉 SCR 脱硝系统导流板的设计与优化 [J]. 浙江大学学报 (工学版), 2011, 45 (6): 1124 - 1129.

[58] 朱文斌. 燃煤电厂 SCR 烟气脱硝装置的冷模实验和 CFD 数值计算研究 [D]. 上海: 上海交通大学, 2008.

[59] Gupta S. Selective Catalytic Reduction (SCR) of nitric oxide with ammonia using Cu - ZSM - 5 and Va - based honeycomb monolith catalysts: effect of H2 pretreatment, NH_3 - to - NO ratio, O_2, and space velocity [D]. Texas A&M University, 2004.

[60] Colombo M, Nova I, Tronconi E. A comparative study of the NH_3 - SCR reactions over a Cu - zeolite and a Fe - zeolite catalyst [J]. Catalysis Today, 2010, 151 (3 - 4): 223 - 230.

[61] Colombo M, Nova I, Tronconi E. Detailed kinetic modeling of the NH_3 - NO/NO_2 SCR reactions over a commercial Cu - zeolite catalyst for Diesel exhausts after treatment [J]. Catalysis Today, 2012, 197 (1): 243 - 255.

[62] Scheuer A, Hauptmann W, Drochner A, et al. Dual layer automotive ammonia oxidation catalysts: Experiments and computer simulation [J]. Applied Catalysis B: Environmental, 2012, 111: 445 - 455.

［63］ Carucci J R H，Eränen K，Murzin D Y，et al. Experimental and modelling aspects in microstructured reactors applied to environmental catalysis ［J］. Catalysis Today，2009，147：S149 - S155.

［64］ Hou X，Schmieg S J，Li W，et al. NH₃ pulsing adsorption and SCR reactions over a Cu - CHA SCR catalyst ［J］. Catalysis today，2012，197 (1)：9 - 17.

［65］ 胡满银，孙钰，王秀红，等. SCR 反应器导流板及喷氨面的优化设计 ［C］ //中国环境保护产业协会电除尘委员会. 第十四届中国电除尘学术会议论文集. 2011.

［66］ 梁玉超，胡满银，李媛，等. SCR 反应器导流板及喷氨面的优化设计 ［J］. 热力发电，2012，9：103 - 105.

［67］ 王志强，邹金生，肖宏川，等. SCR 反应器内各关键部件对系统压力损失特性影响的研究 ［J］. 环境工程学报，2011，5 (3)：631 - 635.

［68］ 周健，阎维平，石丽国，等. SCR 反应器入口段流场均匀性的数值模拟研究 ［J］. 热力发电，2009，38 (4)：22 - 25.

［69］ 金理鹏，谢新华，黄飞，等. SCR 脱硝装置大颗粒灰拦截技术试验研究 ［J］. 中国电力，2018，51 (2)：156 - 161.

［70］ 徐妍. SCR 反应器优化设计及对锅炉运行影响的研究 ［D］. 北京：华北电力大学，2008.

［71］ 汤元强，吴国江，赵亮. SCR 脱硝系统喷氨格栅优化设计 ［J］. 热力发电，2013 (3)：58 - 62.

［72］ 裴煜坤. SCR 烟气脱硝系统喷氨混合装置优化研究 ［D］. 杭州：浙江大学，2013.

［73］ 陈山. 大型电站锅炉烟气脱硝选择性催化还原系统优化研究 ［D］. 杭州：浙江大学，2007.

［74］ 隋莉莉. 火电厂 SCR 烟气脱硝系统计算流体动力学仿真研究 ［D］. 上海：上海交通大学，2008.

［75］ 金强，林钢，张硕，等. 基于 CFD 仿真的烟气脱硝装置混合格栅优化设计 ［J］. 控制工程，2011，18 (S1)：94 - 96.

［76］ 孔凡卓，阎维平，周健，等. W 火焰锅炉低 NOₓ 燃烧与 SNCR 联合应用研究 ［J］. 热力发电，2009 (8)：31 - 35.

［77］ 孔凡卓，周健，张树坡. W 型火焰锅炉 SNCR 过程的数值模拟 ［J］. 应用能源技术，2008，(10)：16 - 18.

［78］ 陈金军. SCR 催化还原 NOₓ 反应机理研究及数值模拟 ［D］. 哈尔滨：哈尔滨工程大学，2008.

［79］ 蔡小峰. 基于数值模拟的 SCR 法烟气脱硝技术优化设计 ［D］. 北京：华北电力大学（北京），2006.

［80］ 文青波. 低温 SCR 脱硝催化剂的制备及其数值模拟 ［D］. 长沙：湖南大学，2012.

［81］ 周公度，段连运. 结构化学基础 ［M］. 北京：北京大学出版社，2008.

［82］ 李永健，陈喜. 分子模拟基础 ［M］. 武汉：华中师范大学出版社，2011.

［83］ 徐光宪，黎乐民，王德民. 量子化学——基本原理和重头计算方法（中册）［M］. 2 版. 北京：科学出版社，2009.

［84］ Harsha G，Henderson T M，Scuseria G E. Thermofield theory for finite - temperature quantum chemistry ［J］. The Journal of Chemical Physics，2019，150 (15)：154109.

［85］ Xiong X Z，Shen X Z，Zhou H. Molecular simulation of pyridine derivatives sorption in faujasite zeolite ［J］. Computers and Applied Chemistry，2008，25 (12)：1553 - 1556.

［86］ 王宝山，侯华. 分子模拟实验 ［M］. 北京：高等教育出版社，2010.

［87］ 唐洁影，宋竞. 电子工程物理基础 ［M］. 2 版. 北京：电子工业出版社，2011.

［88］ Lof R W，Van Veenendaal M A，Jonkman H T，et al. Band Gap，Excitons and coulomb interactions of solid C60 ［J］. Journal of electron spectroscopy and related phenomena，1995，72：83 - 87.

［89］ Hohenberg P，Kohn W. Inhomogeneous electron gas ［J］. Physical review，1964，136 (3B)：B864.

［90］ Kohn W，Sham L J. Self - consistent equations including exchange and correlation effects ［J］. Physical review，1965，140 (4A)：A1133.

［91］ Perdew J P，Yue W. Accurate and simple density functional for the electronic exchange energy：Generalized gradient approximation ［J］. Physical review B，1986，33（12）：8800 – 8802.

［92］ Lee C W，Srivastava R K，Ghorishi S B，et al. Investigation of selective catalytic reduction impact on mercury speciation under simulated NO_x emission control conditions ［J］. Journal of the Air & Waste Management Association，2004，54（12）：1560 – 1566.

［93］ Perdew J P，Yue W. Accurate and simple density functional for the electronic exchange energy：Generalized gradient approximation ［J］. Physical review B，1986，33（12）：8800.

［94］ Vanderbilt D. Soft self – consistent pseudopotentials in a generalized eigenvalue formalism ［J］. Physical review B，1990，41（11）：7892.

［95］ Moussounda P S，Haroun M F，M'Passi – Mabiala B，et al. A DFT investigation of methane molecular adsorption on Pt（1 0 0）［J］. Surface science，2005，594（1 – 3）：231 – 239.

［96］ Frankcombe T J，Kroes G J，Züttel A. Theoretical calculation of the energy of formation of LiBH4 ［J］. Chemical Physics Letters，2005，405（1 – 3）：73 – 78.

［97］ 周波. V_2O_5 拉曼光谱的第一性原理计算 ［D］. 兰州：兰州大学，2009.

［98］ Moshfegh A Z，Ignatiev A. Formation and characterization of thin film vanadium oxides：Auger electron spectroscopy，X – ray photoelectron spectroscopy，X – ray diffraction，scanning electron microscopy，and optical reflectance studies ［J］. Thin Solid Films，1991，198（1 – 2）：251 – 268.

［99］ Lide D R. Handbook of Chemistry and Physics ［M］. London：CRC Press，2005.

［100］ 孙德魁，刘振宇，贵国庆，等. NO 和 NO_2 在 V_2O_5/AC 催化剂表面的反应行为 ［J］. 催化学报，2010（1）：56 – 60.

［101］ 朱丽丽. 基于碳纳米管的低温 SCR 反应机理的分子模拟研究 ［D］. 广州：华南理工大学，2012.

［102］ 董建勋，王松岭，李永华，等. 选择性催化还原烟气脱硝过程数学模拟研究 ［J］. 热能动力工程，2007，22（5）：569 – 573.

［103］ 刘轶. SCR 催化反应单元性能研究 ［D］. 上海：上海工程技术大学，2013.

［104］ Schaub G，Unruh D，Wang J，et al. Kinetic analysis of selective catalytic NO_x reduction（SCR）in a catalytic filter ［J］. Chemical Engineering and Processing：Process Intensification，2003，42（5）：365 – 371.

［105］ Winkler C，Flörchinger P，Patil M D，et al. Modeling of scr denox catalyst – looking at the impact of substrate attributes ［J］. SAE transactions，2003：691 – 699.

［106］ Schaub G，Unruh D，Wang J，et al. Kinetic analysis of selective catalytic NO_x reduction（SCR）in a catalytic filter ［J］. Chemical Engineering and Processing：Process Intensification，2003，42（5）：365 – 371.